计算机类技能型理实一体化新形态系列

人工智能导论

（微课视频版）

主　编　黄　河　吴淑英
副主编　王永军　徐时伟
　　　　郑迎亚　王志梅
　　　　张苏豫

清華大学出版社
北　京

内容简介

本书可帮助学习者建立起对人工智能的初步认识与知识框架，为后续深入学习人工智能技术，形成应用开发、场景应用能力打好基础。本书通俗易懂，内容循序渐进，从人们熟悉的人工智能应用场景入手，介绍当下火爆的人工智能技术及应用。本书兼具趣味性与知识性，理论讲解与实践应用并重，学习者可以通过实验领会理论的奥妙，体会人工智能带来的应用效果。

本书共分为三大篇：概念篇、技术篇、应用篇。概念篇包括2章内容：初识人工智能，人工智能的过去、现在与未来；技术篇包括3章内容：人工智能技术概览、基于统计的机器学习、神经网络与深度学习；应用篇包括6章内容：图像分类、目标检测与图像分割、光学字符识别、人脸识别、自然语言处理、AIGC。

本书既可作为高校工科类的信息技术基础课程的教材，又可作为其他专业的通识类课程或公选课程的教材，还可供对人工智能感兴趣的学习者参考。

图书在版编目(CIP)数据

人工智能导论：微课视频版 / 黄河，吴淑英主编. 北京：清华大学出版社，2024. 8（2025.1重印）. -- （计算机类技能型理实一体化新形态系列）. -- ISBN 978-7-302-66930-2

Ⅰ. TP18

中国国家版本馆CIP数据核字第202496EQ68号

责任编辑：张龙卿　李慧恬
封面设计：刘代书　陈昊靓
责任校对：刘　静
责任印制：杨　艳

出版发行：清华大学出版社
　　网　址：https://www.tup.com.cn，https://www.wqxuetang.com
　　地　址：北京清华大学学研大厦A座　　**邮　编**：100084
　　社 总 机：010-83470000　　**邮　购**：010-62786544
　　投稿与读者服务：010-62776969，c-service@tup.tsinghua.edu.cn
　　质量反馈：010-62772015，zhiliang@tup.tsinghua.edu.cn
　　课件下载：https://www.tup.com.cn，010-83470410
印 装 者：三河市铭诚印务有限公司
经　销：全国新华书店
开　本：185mm×260mm　　**印　张**：11.5　　**字　数**：262千字
版　次：2024年8月第1版　　**印　次**：2025年1月第2次印刷
定　价：45.00元

产品编号：100717-01

前　言

当前人工智能正在快速融入生产与社会活动，对生产结构和生产关系产生颠覆性的影响，并形成全新的生产力，赋能经济社会发展。在此背景下，人工智能已成为各类人才必备的职业技能，要求其能了解人工智能的基本原理、应用场景、构建方法及创新模式，并能在工作中结合实际场景进行应用。

党的二十大报告中提出：必须坚持科技是第一生产力、人才是第一资源、创新是第一动力；深入实施科教兴国战略、人才强国战略、创新驱动发展战略。这三大战略共同服务于创新型国家的建设。本书坚持"立德树人"根本任务，以"匠心报国"为思政主题，突出"爱国""信创""自强""求精"等思政元素，潜移默化地融入工匠精神，培养学生科学严谨的工作作风，并对学生进行爱国主义情怀和社会主义核心价值观的教育，为学生的个人成长助力。

本书充分体现"微课＋活页式"新形态一体化教材的特点，依托智慧职教平台建设有"人工智能导论"在线开放课程，建设完成包括教学视频、实训操作视频、授课用 PPT、题库等在内的数字化学习资源，实现理论＋实操、纸质教材＋数字资源的合理结合，既便于学生利用线上、线下资源的自主学习，也适宜于学生通过二维码即扫即学的个性化学习。多元化的学习资源激发了学生的学习兴趣，提升了学习效果。

本书由高校教师和北京中软国际教育科技股份有限公司工程师"双元"合作开发。参编人员了解社会对人才的需求，具有丰富的教学和实践经验，将实际应用场景引入教材，体现校企合作特征。编写中既注重基础知识和实用技能，又考虑新技术与新领域，编排结构严谨，直接面向高校的教学，力求教材的建设能够为学生能力提升和就业奠定基础。

本书的第 1、第 11 章由黄河编写，第 2 章由吴淑英编写，第 3～第 5 章由徐时伟编写，第 6、第 7 章由郑迎亚编写，第 8～第 10 章由王永军编写，张苏豫负责应用案例设计。全书由黄河、吴淑英进行整体设计规划，王永军进行统稿，王志梅进行审定。特别感谢本书总主编田启明教授在教材建设过程中对稿件的把关和审核，以及给予的指导与支持。

由于编者水平有限，书中难免存在疏漏之处，敬请读者批评、指正，以使本书在修订时得以完善和提高。

编　者

2024 年 1 月

目　录

模块1　概　念　篇

模块2 技 术 篇

模块 3 应 用 篇

模块 1

概　念　篇

第1章　初识人工智能

学习目标：

- 辨析数据、信息、知识、智慧、智能；
- 了解人工智能与人类智能的关系。

人工智能引领了新一代的科技革命，目前在以肉眼可见的速度渗透到我们生活的方方面面，对人类生存、生活、精神、发展产生深远的影响。党的二十大报告指出："推动战略性新兴产业融合集群发展，构建新一代信息技术、人工智能、生物技术、新能源、新材料、高端装备、绿色环保等一批新的增长引擎。"将人工智能放在新增长引擎的前列。本章将先从数据、信息、知识、智慧、智能等概念入手，再探讨智能的类型以及人工智能的应用场景，让学习者建立起对于信息及人工智能的基本知识框架。

1.1　从数据到智能

从数据到智能

数据是指通过特定的手段和载体，将客观事实进行逻辑归纳和记录的结果，其存在的形式多种多样，如符号、文字、数字、图像、音频、视频等。由于数据只是对客观事实的记录和描述，就其本身而言，不具有意义，只有经过加工、提炼的数据，才具有潜在的意义。从数据的存在状态来看，存储于相关载体的数据是静态数据，在系统数据流中的数据是动态数据。从数据与信息、知识的关系角度而言，数据是指构成信息和知识的原始素材，是产生信息、知识、智慧和智能的基础条件，具有无逻辑、离散等特征。

信息是加工后的数据。由于原始数据的类型多种多样，且具有无逻辑、离散等特征，人类为了更好地认识世界和改造世界，势必要通过直接或间接的方式，将原始数据经过加工改造，使之成为可以服务于人类规则的数据。

知识是系统化的信息，是对信息进行筛选、处理、综合、分析之后产生的彼此之间相互关联的数据，它不是信息的简单相加，而是多维信息的有机统一。古希腊著名哲学家柏拉图指出：一条陈述能称得上是知识必须满足三个条件，即它一定是被验证过的、正确的，而且被人们相信的。因此，知识本身有真知识和假知识之分——凡是经不起验证的、不能令人信服的系统化信息，它本身不能算是真知识，只能算是假知识。

智慧是指人类通过知识的系统化掌握，从而锻炼出发现问题、分析问题和解决问题的思维能力。智慧的形成过程就是从感性知觉到理性思维、直觉与灵感的过程。

智能是智慧和能力的合称。由智慧指导行为表达的过程，就是智能的过程。智能分为人工智能和人类智能，人工智能包括弱人工智能（weak AI）和强人工智能（strong AI）。按照霍华德·加德纳的多元智能理论,人类智能又包括语言智能、数学逻辑智能、空间智能、身体运动智能、音乐智能、人际智能、自我认知智能、自然认知智能。

数据、信息、知识、智慧与智能之间是一种逐渐升维的关系。在特定的条件下,彼此之间能够实现相互转换和升维发展。经过加工的数据成为信息,信息之间的相互关联成为知识,知识的系统化开始产生智慧,智慧加上能力则形成智能。

辨析

数据、信息、知识、智慧与智能之间是原始、加工、应用的关系:

数据=记录的事实

信息=数据+意义

知识=信息+理解

智慧=知识的系统化

智能=智慧的应用

它们的关系如图 1-1 所示。

图 1-1 数据、信息、知识、智慧的关系

素养提升

在新冠肺炎疫情防控过程中,我们国家取得了举世瞩目的良好效果,精准防控、快速响应的防控手段得益于新一代信息技术,如移动互联网、人工智能技术的应用。流动人员的手机定位记录、出行记录等都是数据,通过对这些数据进行处理,就可以得到每一位相关人员的流动信息,进而可以建立疫情时期的地域人员流动模型,这样就形成了知识;通过人员流动模型,对疫情发展进行预测与研判,进而制定疫情防控的政策。这就是智慧。

有知识不一定有智慧,最有名的例子就是纸上谈兵的赵括,他虽有丰富的理论知识,但是无法在合适的场景选择适当的知识去做决策,所以他缺乏智慧。

人工智能与人类智能

1.2 人工智能与人类智能

大家是否畅想过未来:

“机器能独立思考,并像人一样胜任任何智力性任务,就像科幻电影里的机器人一样,无所不能。”

“将来人工智能将取代人类的一切工作,人类将衣食无忧、享受生活。”

那么人工智能真有这样的能力吗?

以下史实内容,来自沃尔特·艾萨克森的《创新者》。

在 1950 年 10 月的哲学期刊 *Mind* 上,图灵发表了论文 *Computing Machinery and Intelligence*,其中提出了一个概念——“图灵测试”(Turing Test),它为人工智能模仿人类智能提供了一个基线测试,即“如果一台机器输出的内容和人类大脑别无二致,那么我们就没有理由坚持认为这台机器不是在‘思考’”。

图灵测试也就是图灵所说的“模仿游戏”,其操作很简单,即“一位询问者将自己的问题写下来,发给处于另外一个房间之中的一个人和一台机器,然后根据他们给出的答案确定哪个是真人。如果在相当长时间内，他无法根据这些问题判断对方是人还是计算机，那么就可以认为这个计算机具有同人相当的智力，即这台计算机是能思维的”。

图灵测试试图解决长久以来关于如何定义思考的哲学争论，他提出一个虽然主观但可操作的标准：如果一台计算机表现(act)、反应(response)和互相作用(interact)都和有意识的个体一样，那么它就应该被认为是有意识的。

一般认为，人类智能的特点在于它是有自我意识的。目前而言，人工智能被定义为模仿与人类思维相关的认知功能的机器或计算机，其本质是对人类思维的模仿，而没有自我意识。但是，也有不同的观点认为既然人脑也是基于结构的思维机器，那么人工智能模仿人脑之后也会演化出意识。这样就产生将人工智能分为强人工智能与弱人工智能两种类型的观点。

(1) 强人工智能。强人工智能观点认为有可能制造出真正能推理和解决问题的智能机器，并且这样的机器能将被认为是有感知的，有自我意识的。强人工智能可以分为两类：类人的人工智能，即机器的思考和推理就像人的思维；非类人的人工智能，即机器产生了和人完全不一样的感知和意识，使用和人完全不一样的推理方式。

(2) 弱人工智能。弱人工智能观点认为不可能制造出真正能推理和解决问题的智能机器，这些机器只不过看起来像是智能的，但是并不真正拥有智能，也不会有自主意识。

当前，人工智能虽然在特定领域已超越人类智能。例如，在视频游戏、国际象棋、蛋白质折叠等科学问题和语言建模方面，特别是在人工智能程序 AlphaGo(阿尔法围棋)战胜人类围棋冠军之后，对很多人的认知造成很大冲击。但是人工智能在一些人类看来很简单的领域往往难以取得比较好的效果。例如，在感觉运动技能方面，人类无须经过特别训练即可掌握行走、奔跑和跳跃等技术，但人工智能还做不到；在视觉常识推理方面，也就是依据图像所呈现的场景回答问题，人工智能依然低于人类水平；在语言理解方面，人工智能在简单问题上已经超越人类基准，但在需要进行逻辑推理的复杂问题上，人工智能的效果并不理想。

2022 年 11 月 OpenAI 发布了 ChatGPT(chat generative pre-trained transformer，聊天生成预训练转换器)，被认为是人工智能领域的一次重大突破，它展示了基于大型语言模型的聊天机器人的强大能力和广泛应用。ChatGPT 不仅可以用自然语言与用户进行流畅的对话，还可以根据用户的需求完成各种复杂的语言任务，如写作、编程、问答、摘要等。另外，OpenAI 不断更新并加强其能力，2023 年 3 月 OpenAI 发布了能力更强的 GPT-4(原先 ChatGPT 基于 GPT-3.5 版本)，其使用更多、更丰富的训练数据，支持多模态任务，处理更长的文本输入，具备更广泛的知识和解决问题的能力。

ChatGPT 在很多方面与人类差不多甚至已超过人类：它可以创建论文，制作幽默的帖子，回答一些困难的编程问题，生成图像，给出有用的商业建议，写出非常好的歌曲。GPT-4 在 USBAR(American bar examination，美国律师执业资格考试)里击败了 90%的人类，在 SAT(scholastic aptitude test，美国高中毕业生学术能力水平考试)阅读考试中击败了 93%的人类，在 SAT 数学考试里击败了 89%的人类。

ChatGPT 引发了新一轮人工智能浪潮，与其类似的大语言模型层出不穷：国外有 Google 的 Bard、Meta 的 LLaMA、Anthropic 的 Claude 等，国内有华为的盘古、百度的文心一言、阿里巴巴的通义千问、科大讯飞的星火认知大模型、腾讯的混元大模型……

但是，这一类大语言模型依旧不能称为强人工智能。强人工智能是指能够完全模拟人类智能的系统,具有自我意识和自主学习、推理、规划、解决问题等能力。GPT-4 虽然在某些方面达到了人类水平,但在许多实际场景中仍然不如人类。例如,它不能保证其回答的事实准确性和逻辑正确性,有时会产生错误或误导性的信息。它也不能理解编程语言的语法和语义,只是在获取代码片段之间的统计相关性,因此不能编写和调试复杂的计算机程序。总之,当前的人工智能还不具备自主学习与思考的能力、没有自主意识,依旧还是弱人工智能。

素养提升

李开复曾说:“人工智能将夺走许多单一任务、单一领域的工作。人类拥有人工智能所没有的能力,我们可以概念化、制定战略和进行创造。今天的人工智能只是一个可以接收数据并进行优化的聪明的模式识别器,但是,世界上有多少工作是可以优化的简单重复任务呢?”

1.3 应用领域

1.3.1 生活

目前人工智能渗透到我们生活的方方面面,给我们带来很多便利与乐趣,以下列举几个典型的应用场景。

生活

1. 自动驾驶

在 2021 年 10 月举行的国家“十三五”科技创新成就展上,众多自动驾驶研发及落地成果悉数亮相。其中,极狐阿尔法 S 自动驾驶车、百度“汽车机器人”、斑马智行智能座舱操作系统吸引了众多参会者的关注。尽管自动驾驶技术发展炙热,但其具有令人生畏的技术复杂性,在这个领域中,中国企业和美国企业双双走在世界前列。

自动驾驶技术的基本原理是通过感应装置感知周围环境的情况,计算机系统依据这些信息作出指令以及执行指令进行驾驶。这些感应装置包括激光雷达、毫米波雷达和摄像头,通过这些装置对周围环境进行精准识别,自主避让前方障碍物,进行自动驾驶。此外通过计算机自主学习、高精度地图定位、网络通信和激光雷达等技术,利用环境感知、自动决策和控制等技术,对各种复杂环境和突发状况采取行之有效的措施,因此自动驾驶技术是多学科交叉协同发展的。

参考美国汽车工程师学会对自动驾驶的分级定义,根据智能化程度的不同,自动驾驶被分为 L1~L5 共 5 个等级:L1 是指辅助驾驶;L2 是指部分自动驾驶;L3 是指有条件自动驾驶;L4 是指高度自动驾驶;L5 是指完全自动驾驶,即真正的无人驾驶。日渐活跃于公众视野的“无人驾驶”概念,往往是指 L3 及以上级别的自动驾驶。达到 L4 级后,自动驾驶比人类驾驶更安全。世界卫生组织发布的《2018 年全球道路安全现状报告》显示,每年全世界约有 135 万人会在交通事故当中失去生命,而 94% 的交通事故是人为原因造成的。究其原因,危险驾驶是排名第一的类型,总量占到了总刑事犯罪的 1/4 左右。AI 司机既不会醉酒驾驶，也不会边开车边使用手机或感到疲倦，一些人为因素导致的交通事故会消除。

自动驾驶的场景是非常丰富的，在开放场景中，华为、百度的自动驾驶技术已经达到 L4 级别，如极狐阿尔法 S 华为 HI 版轿车(见图 1-2)不仅配备了华为 L4 级的自动驾驶功能，全车还装有 3 颗 96 线车规级激光雷达＋13 颗高清摄像头＋6 颗毫米波雷达＋12 颗超声波雷达，并且它的芯片运算能力可达到 400TOPS，已经超过了特斯拉一些车型的运算能力。

图 1-2　极狐阿尔法 S 华为 HI 版轿车

目前在北京、上海、广州、重庆、武汉等地已经开展了无人驾驶出租车服务。早在 2020 年 10 月百度无人驾驶出租车服务就在北京全面开放，市民可在北京经济技术开发区、海淀区、顺义区的十多个无人驾驶出租车站点直接免费试乘无人驾驶出租车。在北京的海淀公园提供了无人驾驶小巴体验服务，如图 1-3 所示。

图 1-3　无人驾驶出租车与无人驾驶小巴

在深圳街头出现无人环卫车，如图 1-4 所示，当有车辆靠近时它能及时“躲避”，走近斑马线时会“礼让”行人，到达终点后它还会自动倾倒垃圾。在北京，运行了一系列的环卫作业车，主要功能包括吸扫作业、洗地作业、垃圾收集、垃圾转运四大类 7 种型号，覆盖了传统清扫保洁作业的全流程。这些作业车拥有“眼睛”和“大脑”，集人工智能、机器视觉、图像识别、精准定位等技术于一体。“眼睛”即传感器，分别位于车顶和车身，能 360°感知周边物体；“大脑”即深度学习算法控制技术，能根据实时感知的环境信息，结合高精度地图，制订最优的路径规划，完成道路清扫保洁及垃圾清运转运任务。

图 1-4　无人环卫车

2. 自然语言处理

让全世界拥有相通的语言一直是萦绕在人们心中的梦想。当前人工智能技术实现了用机器翻译不同的语言,从最初只能翻译单词到现在可以整句或通篇翻译,甚至可以直接口译。在任何一个国家,即使看不懂文字,听不懂语言,你也能够借助机器翻译与他人进行交流和沟通,不必再为相互不能理解而困扰。

机器翻译的核心就是自然语言处理(natural language processing,NLP),简单来说,自然语言处理就是用人工智能来处理、理解以及运用人类语言,它体现了真正意义上的“人工智能”。百度机器学习专家余凯说:“听与看,说白了就是阿猫和阿狗也会,而只有语言才是人类独有的。”也就是说只有当计算机具备了处理自然语言的能力时,才算实现了真正的智能。为了让机器能与人自然交流,NLP 有两个核心的任务:一是自然语言理解,即让机器理解人们说的是什么意思;二是自然语言生成,即让机器用人类语言表达出正确的意思。

要实现机器与人的自然交流是非常困难的任务,具体来说有以下 5 个难点。

(1) 语言是没有规律的,或者说规律是错综复杂的。

(2) 语言是可以自由组合的,可以组合复杂的语言表达。

(3) 语言是一个开放集合,我们可以任意地发明创造一些新的表达方式。

(4) 语言需要联系到实践,有一定的知识依赖。

(5) 语言的使用要基于环境和上下文。

时至今日,AI 在这些技术领域已经把识别准确率从 70%提高到了 90%以上,但只有当准确率提高到 99%及以上时,才能认定自然语言处理的技术已达到人类水平,这仍然是巨大的困难和挑战。

自然语言处理技术在生活中应用广泛,其典型应用如下。

1) 上下文/情感分析

互联网上有大量的文本信息,这些信息想要表达的内容是五花八门的,通过上下文分析,可以观察人们的行为方式,了解其个性及情感表达。通过这些结果可以进行精准的广告及内容投送,并可进行舆情监测。

例如，美团在服务百万级别的餐饮商户和亿级别C(consumer，消费者)端用户的过程中，积累了海量的用户生成内容(user generated content，UGC)，包含了用户到店消费体验之后的真情实感；美团技术团队通过NLP技术对UGC进行情感分析，能够有效提取其中的关键情感极性、观点表达，辅助更多用户做出消费决策，同时也可以帮助商户收集经营状况的用户反馈信息，如图1-5所示。

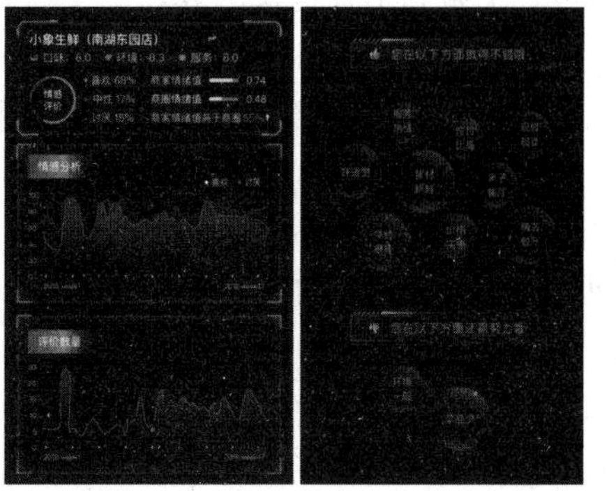

图1-5 美团的情感分析工具

2）聊天机器人/人工智能客服

随着人工智能语音识别能力的大幅度提升，我们已经习惯于在微信中使用语音转文字功能、开车时直接通过语音说出目的地，而且人工智能能非常好地“理解”我们的表达。

比如，华为发布的儿童陪伴教育机器人“华为小艺精灵”能与人进行非常流畅的交流，甚至可以表达一定的“情绪”。

大家是否发现，当我们拨打客服电话或者接到销售电话时，人工智能客服的比例越来越高，而且其语义表述和沟通表达能力可达到以假乱真的地步，让客户无法分辨“真假客服”。据有关机构预测，到2025年，95%的客服互动将由AI技术主导完成。人工智能客服具有高可用性(无须休息，24小时在线)，节省时间(高效，能快速处理数据)，低成本、高效益(相对人力成本而言具有成本优势)，无偏见、无情绪的优势。

素养提升

在搜索引擎上搜索科大讯飞语音合成(或百度语音合成、华为语音合成)，体验中国一线人工智能厂商的产品。可输入任意文本，让它使用极具表现力和类似人类的声音朗读出来，且支持多种朗读风格，包括新闻广播、客户服务、呼喊、耳语以及高兴、悲伤等，甚至支持粤语、东北话、四川话等方言。

3）机器翻译

机器翻译技术在近年来取得了长足进步，并且逐步逼近平行对译的境界。在西方诸语种之间，机器翻译的准确率已经稳居90%以上。中国在这个领域的领先企业是科大讯飞，早在2018年时，其就于业内率先提出“听得清、听得懂、译得准、发音美”的AI翻译四大标准。当时科大讯飞中英文机器翻译的效果就已经达到英语六级的水平。在2022年8月发布讯飞翻译机4.0之际，提出增加的AI翻译机新标准：够自然，旨在让跨语言交流更加顺畅、自然、高效。其最新的讯飞翻译机4.0通过前后端一体化的语音识别技术，充分地利用前端由多个麦克风组成的麦克风阵列和后端复杂模型的精细建模能力，大幅提升复杂场景下的语音识别率，通过“基于语言特征强化的多语种机器翻译统一建模技术”并积累超过120万的行业术语、6000万句对的定制语料，使其能够支持83种语言在线翻译，16种语言离线翻译，16大领域行业翻译，32种语言拍照翻译。

在各类国际会议中，同声传译对于人类来说是一项很有挑战性的任务，因为人类同传译员需要同时做到听、理解、翻译并说出翻译内容。人类高质量同传一般只能持续15分钟，且译出率一般在60%左右，漏翻、错翻等情况时常发生。作为AI同传技术的领军者，百度AI

同传首次做到了直接从语音到文字的同传翻译，该模型达到了更低的时延和更准确的翻译，彻底摒除了 ASR(automatic speech recognition，自动语音识别)错误对翻译模型的影响，进一步简化了整体同传框架。百度 AI 同传能达到汉译英准确率为 85.71%，英译汉准确率为 86.36%，并且 PK 3 位经验丰富的人类同传译员，最终结果极具竞争力，在评估所用的 BLEU(bilingual evaluation understudy，双语评估替补)和人工评价双重评价中，百度 AI 同传均达到与人类同传译员媲美的水平。百度 AI 同传已经服务了百度开发者大会、2021 年中国国际服务贸易交易会、中国国际进口博览会等大型会议，此项成果获得国家科技进步二等奖。

在 2022 年北京冬奥会的视频转播中，一位担任手语解说的女士出现在画面下方，见证了中国队夺金的各场比赛。与过往那些经验丰富、身经百战的手语解说员不同，这是她首次进行手语解说工作，却有着完全不逊于前者的准确度和反应速度。这位女士并不是真人，而是由腾讯打造的 3D 手语数智人“聆语”。“聆语”基于《国家通用手语词典》的标准手语和深度的机器学习训练，以及针对体育、艺术等专业领域的优化补充，目前共掌握约 160 万个词汇和语句。在解说比赛时，会先通过机器翻译将比赛解说的语言低延迟转换为高准确率的手语语言表征，再运用腾讯多模态端到端生成模型，进行联合建模及预测生成高准确率的动作、表情、唇动等序列，实现自然专业且易懂度高的手语效果。并且“聆语”具备快速学习补充新词、热词，根据业务场景快速学习专业用语的能力。为应对本次赛事，手语解说针对体育赛事方面的用语做了定向优化，覆盖了超过 15000 个相关词汇。

3. 医疗服务

人工智能在医疗领域主要有以下应用场景。

1) 医疗机器人

医疗机器人是在医院、诊所进行治疗或辅助治疗工作的机器人。医疗机器人的分类方式较多，按照其用途不同，主要可以分为临床医疗用机器人、护理机器人、医用教学机器人、药物配送机器人、其他医疗服务机器人等。在机器人技术的赋能下，中国机器人辅助腔镜手术数量持续攀升。2021 年手术数量在 8.75 万台左右，较 2020 年增长近 85%。而当前最先进的腹腔镜手术机器为达・芬奇外科手术系统，其由控制平台、4 只机械手臂、1 个三维摄像系统组成，手术视野放大倍数可达到 10 倍以上，能为主刀医生呈现患者体腔内三维立体高清影像，细小的血管和淋巴结也能一目了然。同时，4 个机械臂可模拟人手腕的灵活操作，滤除颤动，超越了人手的精准度，即使在人手不能触及的狭小空间也能精准操作，超越了人手的局限性。达・芬奇外科手术系统还有一项更大的优势，就是创口小。许多肿瘤切除手术需开腹，创口在 15～30cm 内，而达・芬奇外科手术系统手术的创口不到 1cm，仅用创可贴便可覆盖。手术创口小、患者恢复快，能大幅缩短病人的术后住院时间。但是，达・芬奇外科手术系统需要从美国进口，价格昂贵，单台接近 2500 万元人民币，年维护费用也高达 120 万元人民币。我国在此领域奋起直追，自主研发了“术锐”“妙手”等手术机器人，而且利用我国 5G 网络的优势，率先实现了远程手术商用化。

2) 医学影像识别

医学影像是医疗数据最密集的领域，超过 80%的医疗数据来源于医学影像，人工智能技术已经应用在医疗行业多个领域，而医学影像是应用非常成熟的领域。深度学习算法模型的训练需要海量数据支撑，医学影像由于其数据密集的特性，让以深度学习为代表的人工智能技术有了广阔的发挥空间,而其中又以 X 光、CT 等类型影像的识别分析最为成熟。在皮肤癌、乳腺癌、前列腺癌、肺结节等病种上,人工智能识别准确率均超过 90%甚至达到 99%,在识别速度、准确率上均超过医生诊断。

3) 辅助诊断

诊断是医疗中的一个核心环节,诊断依赖患者体征、患者描述与检查数据,其中体征与检查数据是主要判断依据,在这个过程中,医生获取、解读信息的时间比较长,同时也存在误诊的可能性。AI 辅助诊断工具本质上就是为了解决上述问题。

AI 实现辅助诊断分为两大类:一类是由专家基于个人经验搭建知识库。这种相对比较精确,但是覆盖面小,只适合特定领域的辅助诊断。另一类是使用机器学习算法,从医院和网上抽取数据,构造一个更为全面的知识图谱。但是受限于没有数据规划,以及当前技术水平,在精确度上有所不足。

例如,在互联网医疗的背景下我国基于医疗知识图谱、自然语言理解技术研发了问诊机器人,可以基于用户简单的输入,一步一步地追问详细的症状信息,如发烧的时间、温度,发烧的温度变化;如果是疼痛,则追问疼痛的具体部位和其他相关症状发生的顺序,包括家庭、个人的病史。把相关信息结构化展现给医生,让病人能够选择更合适的科室,让医生在互联网环境下一目了然地看到病人所有的相关信息。

4. 休闲娱乐

人工智能技术已经进入娱乐圈与电竞界了,这里介绍几个典型的应用技术。

1) 深度合成

深度合成技术,其实就是借助可以自主学习的深度学习算法模型来实现的,其主要使用的两项技术是自动编码器和生成式对抗网络(generative adversarial network,GAN)。前者用于训练数据的合成,后者由生成器和鉴别器组成。一个用来进行新数据的生成,另一个用来对其进行鉴别,经过二者无数次的对抗,最终生成“以假乱真”的合成数据。视频换脸、语音合成、影像修复、虚拟数字人等越来越频繁地出现在社交娱乐、影视制作、教育、广告营销等领域,发展出多元化的商业应用。这些应用的背后,是深度合成技术的广泛应用,如图 1-6 所示。

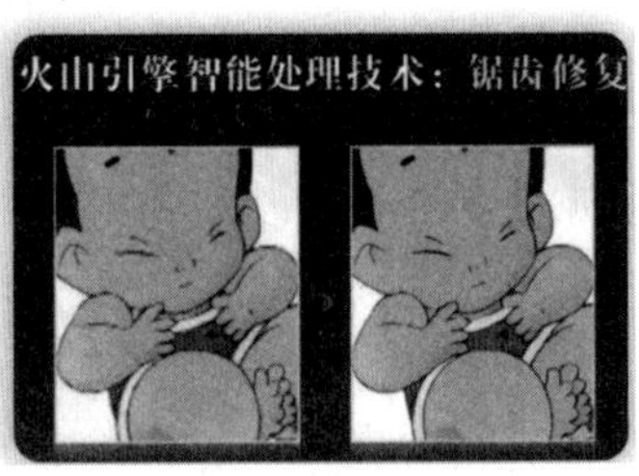

图 1-6 深度合成技术在影视音乐方面的应用

电影修复是将年代久远的胶片电影重新复制到数字载体上,通过修复、降噪、补光、调色等技术处理,还原和优化影片原貌的过程。在过去,老电影主要采用胶片作为拍摄和存储的介质。早期胶片的材料是一种比纸更易燃的硝酸片基,后来由醋酸片基、涤纶片基取而代之,但不管是哪种片基,在常温状态下都很难保存,温度、湿度以及搬运移动、使用、播映等外部因素很容易造成胶片损伤。正常情况下,一位熟练的修复师一天最多可以修复200帧画面,但如果胶片保存不佳,脏污、裂痕、变色等问题严重,修复师一天可能只能修复1s(24帧)。再者,如果画面涉及夜戏、雨戏、烟雾戏、特效戏等复杂场景,修复周期更是成倍增加。电影修复最大的难题是如何保留影片艺术风格和美感,4K修复版电影曾一度因为颠覆胶片的美感而引发争议。一部老电影,经过漫长的岁月侵蚀,早已变得暗淡模糊,通过AI技术把它修复得光鲜漂亮并不难,难的是如何还原老电影的感觉。

2021年10月20日,字节跳动公司的火山引擎联合西瓜视频共同发布了"经典中视频4K修复计划",表示在未来1年内,将与央视动漫集团和上海美术电影制片厂合作,共同利用4K技术修复《舒克和贝塔》《西游记》等100部家喻户晓的经典动画。本次4K修复使用火山引擎智能处理产品中的部分技术能力,通过超分辨率、智能插帧、智能降噪、色彩增强等算法增强视频画质。其修复过程大致为:先利用视频降噪算法做前期处理,再进一步通过几类不同的超分辨率增强算法将画幅扩大到4K分辨率,并生成更精细的细节,最后通过插帧算法和HDR重制算法将一个原本充斥着噪声和压缩损伤问题的视频增强为一个主观画质舒适的4K 60帧 HDR(high dynamic range,高动态范围)节目。

2022年4月1日,除了是愚人节,还有"哥哥"张国荣让人缅怀。当天晚上8点,一场尘封了21年的张国荣《热·情》演唱会在朋友圈刷屏,截至当晚9点,视频号播放量已过千万。因为是21年前的演唱会,腾讯云多媒体实验室团队对视频质量做了修复,从母带大概只有720像素×480像素的分辨率,修复为接近4K的分辨率,分辨率是原来的6倍。AI修复演唱会的时间并不长,只用了两天就完成了,但团队为达到"修旧如旧"的效果,在前期艺术算法微调上花了很长时间。

2022年5月8日是一代歌后邓丽君逝世的27周年,当日,酷狗音乐阿波罗实验室用黑科技"复活"邓丽君的声音,将她的16首经典歌名串联成歌,打造出首支AI演唱单曲《没有寄出的信》。

数字领域(Digital Domain)公司利用数字人技术将邓丽君栩栩如生地呈现在舞台上,在江苏卫视2022跨年演唱会上,邓丽君"复活"并与周深合唱《大鱼》,让各位网友深受感动。

2) 游戏人工智能

人机游戏有着悠久的历史,已经成为主流的验证人工智能的关键技术。研究人员设计各类AI来挑战人类职业玩家。游戏分为4种典型类型:围棋棋盘游戏、纸牌游戏(如德州扑克、斗地主和麻将)、第一人称射击游戏、实时战略游戏(如星际争霸、Dota2和王者荣耀)。下面按类型进行介绍。

在围棋棋盘游戏方面,1994年国际跳棋程序Chinook打败了美国西洋跳棋棋王Marion Tinsley,IBM的"深蓝"(Deep Blue)在1997年击败国际象棋大师Garry Kasparov,更为著名的是由谷歌(Google)旗下DeepMind公司开发的AlphaGo在2016年3月与围棋世界冠军、职业九段棋手李世石进行围棋人机大战,以4:1的总比分获胜。不仅于此,2017年推出的进化版本AlphaGo Zero更是强大,经过短短3天的自我训练,AlphaGo Zero就强势打败了此前战胜李世石的旧版AlphaGo,战绩是100:0。经过40天的自我训练,AlphaGo

Zero 又打败了 AlphaGo Master 版本，Master 版本曾击败过世界顶尖的围棋选手，甚至包括世界排名第一的柯洁。AlphaGo 此前的版本结合了数百万人类围棋专家的棋谱，并通过强化学习进行了自我训练。AlphaGo Zero 的能力则在这个基础上有了质的提升。最大的区别是，它不再需要人类数据。也就是说，它一开始就没有接触过人类棋谱。研发团队只是让它自由随意地在棋盘上下棋，然后进行自我博弈。AlphaGo Zero 使用新的强化学习方法，让自己变成了教师。系统一开始甚至并不知道什么是围棋，只是从单一神经网络开始，通过神经网络强大的搜索算法，进行了自我博弈。随着自我博弈的增加，神经网络逐渐调整，提升预测下一步的能力，最终赢得比赛。更为厉害的是，随着训练的深入，阿尔法围棋团队发现，AlphaGo Zero 还独立发现了游戏规则，并走出了新策略，为围棋这项古老游戏带来了新的见解。

在纸牌游戏方面，这种典型的不完全信息游戏长期以来一直是人工智能面临的挑战。DeepStack 和 Libratus 是在德州扑克中击败职业扑克玩家的两个典型 AI 系统。它们共享基础技术，即这两者在 CFR(counterfactual regret minimization，虚拟遗憾最小化)算法理论上相似。之后，研究人员专注于麻将和斗地主这一新的挑战。由微软亚洲研究院开发的 Suphx 是第一个在麻将中胜过多数顶级人类玩家的人工智能系统。DouZero 专为斗地主设计，这是一个有效的 AI 系统，在 Botzone 排行榜 344 个 AI 智能体中排名第一。2019 年 7 月卡内基·梅隆大学与 FaceBook 公司合作开发的 Pluribus 在六人桌德州扑克比赛中击败多名世界顶尖选手，成为机器在多人游戏中战胜人类的一个里程碑。此前人工智能在战略性推理方面取得的成就仅限于两人游戏，此次在复杂游戏中战胜 5 名人类选手，将为人工智能解决真实世界问题提供新的可能性。

在第一人称射击游戏方面，比如《穿越火线》和《使命召唤》之类的游戏 AI 研究却并不总以超越人类职业玩家水平为目标。毕竟以计算机程序的反应速度和精度，AI 在射击类游戏中达成枪枪爆头也实非难事。真正难的是让 AI 的行为表现与人类玩家不可区分。腾讯 AI Lab 训练游戏 AI 时采用了监督学习方法，即通过分析大量实际的游戏对局脱敏数据，分析人类玩家在不同游戏场景输入下进行的操作(输出)。通过学习这些输入与输出之间的对应模式，AI 可以学会在不同的场景下以不同的概率采取不同的行为方式——有的行为模式更优，有的则是败笔，但它们综合起来却能让 NPC(non-player character，非玩家角色)表现得就像是另一个人类玩家。

在实时战略游戏方面，作为一种典型的电子游戏，多达数万人相互对战，实时战略游戏通常被作为人机游戏的试验台。此外，实时战略游戏通常环境复杂，比以往游戏更能捕捉现实世界的本质，这种特性使此类游戏更具适用性。DeepMind 开发的 AlphaStar 使用通用学习算法，在《星际争霸》的所有三个种族中都达到了大师级别，其性能超过 99.8%的人类玩家(总数约 90000 名)。OpenAI Five 在公平环境下战胜了 5 位 Dota2 高分段人类玩家，平均天梯分数超过 4200 分。2019 年 4 月，OpenAI Five 挑战 Ti 冠军 OG 战队，在三局两胜制中以 2∶0 获胜，这是人工智能首次在电子竞技项目上战胜世界冠军。

1.3.2 经济

经济

1. 农业

在农业方面，人工智能在农业领域有土壤探测、病虫害防护、产量预测、畜禽患病预警等应用,以及耕种、播种、采摘等智能机器人。例如,美国的农业航空影像分析公司 Intelinair 主打产品 AGMRI 是一个农业智能分析平台,汇总并利用各类数据,包括高分辨率的空中、卫星和无人机图像,设备数据以及天气等。在作物生长期间,AGMRI 会向农民的手机发送警报通知,比如需要重新种植问题农作物,辨别出抗病杂草和缺乏营养的农作物以及可能会影响收获季的干枯率。另外,平台还向机器输入详细指令,帮助农民应对这些问题,如向喷雾器发送精确的除草剂处方。荷兰的普瑞瓦公司推出可独立在温室内移动行进的摘叶机器人 Kompano,可全天候对番茄植株进行摘叶操作。在智慧算法和已获专利的末端执行器支持下,这款机器人每周作业面积达 1 公顷($0.01km^2$),准确率超过 85%。美国的 AppHarvest 公司推出的 Virgo 采摘机器人,可以在不同种植环境下识别 50 余种番茄品种的成熟阶段,借助红外摄像头生成特定区域的 3D 彩色扫描图像并进行评估,判断番茄理想采收时间,如图 1-7 所示。

图 1-7　Virgo 采摘机器人

2. 能源矿产

人工智能在能源及采矿行业的应用主要有电网的预测性维护、智能调度、供应链优化、无人矿卡(见图 1-8)等。

中国南方电网有限责任公司是中国第二大电网公司,为全国超过 2.5 亿用户提供服务。南方电网与 ABB 合作,采用 ABB Ability Ellipse 设备健康中心(APM)解决方案,以提高其电网系统的运营效率和设备使用寿命。该预测性维护软件解决方案能够根据变电站及其他关键电力设备的表现记录实时数据,识别设备故障的早期征兆,通过判断故障部位严重程度及发展趋势来预测设备维护和更新需求。

随着太阳能和风能等不稳定发电厂数量的激增,发电量存在一定的不稳定性;而不同区域、不同行业用电量也难以通过人工方法进行预判。通过机器学习等技术,针对不同发电类型,整合多源数据,建立多尺度的发电用电预测模型,可对发电与用电情况进行预测,从而可以改进电力调度,提高电网稳定性并节省资源。

我国在智慧矿山建设趋势下,多个大型矿区自动驾驶项目正进入试运营与测试阶段,如宝日希勒露天煤矿、安徽芜湖海螺水泥矿区等。矿区存在运输环境差,安全风险高,交通事故易发;人员方面招工难,职业病多发;人工驾驶速度慢,运力差,运输效率低等困难与问题。而矿山无人驾驶拥有四大优势:一是矿山场景不受路权限制,法规阻力小。二是矿山场景的可塑性很强,对技术友好。改造道路环境,或者加一些路端的传感器很方便,不需要复杂的技术。在自动驾驶技术没有那么成熟的情况下,也可以真正让它跑起来从而实现商业化

图 1-8 无人矿卡

闭环。在自动驾驶的各个场景里，它能够比较早地做到技术可实现。三是矿山场景的商业模型合理，矿车司机短缺且需要连续作业、人车比高，这样无人化的经济效益高，整体效益提升超过 10%。四是人工智能不会存在疲倦、专业水平不高等人为失误现象，可降低事故率，提升安全性。

3. 制造业

制造企业中应用的人工智能技术，主要有智能分拣、设备健康管理、产品质量检测、数字孪生、需求预测及供应链优化等场景。

制造业上有许多需要分拣的作业，如果采用人工作业，速度缓慢且成本高，而且需要提供适宜的工作温度环境。如果采用工业机器人进行智能分拣，可以大幅降低成本，提高速度。以分拣零件为例，需要分拣的零件通常没有被整齐摆放，机器人虽然可以用摄像头看到零件，但不知道如何把零件成功地捡起来。在这种情况下，利用机器学习技术，先让机器人随机进行一次分拣动作，然后告诉它这次动作是成功分拣到零件还是抓空了，经过多次训练之后，机器人就会知道按照怎样的顺序来分拣才有更高的成功率；分拣时夹哪个位置会有更高的捡起成功率；按照怎样的顺序分拣，成功率会更高。经过几个小时的学习，机器人的分拣成功率可以达到90%,和熟练工人的水平相当。

基于机器视觉的表面缺陷检测应用在制造业已经较为常见。利用机器视觉可以在环境频繁变化的条件下,以毫秒为单位快速识别出产品表面更微小、更复杂的产品缺陷,并进行分类,如检测产品表面是否有污染物、表面损伤、裂缝等。目前已有工业智能企业将深度学习与3D显微镜结合,将缺陷检测精度提高到纳米级。对于检测出的有缺陷的产品,系统可以自动做出可修复判定,并规划修复路径及方法,再由设备执行修复动作。

建立精准的需求预测模型,实现企业的销量预测、维修备料预测,做出以需求导向的决策。同时,通过对外部数据的分析,基于需求预测,制定库存补货策略,以及供应商评估、零部件选型等。

位于浙江省温州市文成县的某食品科技集团投资于山区的第四座工厂,实现了从自动化到智能化的转变。该工厂依托先进的企业资源规划(WERP)平台,运用物联网技术,将自动化设备与订单、物料、网络、数据紧密相连,采用行业领先的无菌智能制造设备、模块化生产工艺,以及集成的智能控制系统、视觉检测技术、5G智能仓储和智慧物流平台等,实现了全链路的信息处理和高效运算,优化了生产流程,提升了生产效能,实现了与集团资源、信息及数据的高效整合,显著提高了生产效率和产品质量,标志着其生产模式已经超越了传统的工业3.0,进入了工业4.0的智能化时代,成为行业内未来工厂建设的标杆。

4. 商业零售

人工智能在商业零售领域的应用场景有商品推荐、用户体验、智能物流等。

大家留意会发现,我们每个人的淘宝、饿了么的首页都是不同的,系统会给不同的用户进行画像,并推荐不同的内容给用户,做到了千人千面。个性化推荐是根据用户的特征和偏好,通过采集、分析和定义其在端上的历史行为,了解用户是什么样的人,行为偏好是什么,分享了什么,产生了哪些互动反馈等,最终理解和得出符合平台规则的用户特征和偏好,从而向用户推荐感兴趣的信息和商品。推荐系统有三个基本思想。一是知你所想,精准推送:利用用户和物品的特征信息,给用户推荐那些具有用户喜欢特征的物品;二是物以类聚:利用用户喜欢过的物品,给用户推荐与他喜欢过的物品相似的物品;三是人以群分:利用和用户兴趣爱好相似的其他用户,给用户推荐那些和他们相似的其他用户喜欢的物品。推荐系统在商业上用途广泛,在广告、阅读、新闻、短视频、音乐、视频、社交等行业都有其身影。

通过智能货架管理,有效提升客户过程体验,通过摄像头的人脸识别功能,可以在顾客进店时进行新老客户的身份识别,对老客户可以根据购物历史及周期习惯推荐购物路线;对新客户可以制作客户画像,精准营销。客户进店后,摄像头可以记录客户的行进轨迹,优化货架摆放设置。此外,还可以使用压力传感器监测商品被拿起、放下的情况,以及存货数量,对货架进行自动化的实时监测管理。

在无人便利店或超市中,通过计算机视觉、机器学习和多传感融合技术,精准识别商品及顾客购物行为,提供“拿了就走,无感支付”的新型购物体验。早在2017年“双11”期间,天猫无人超市就首次现身于上海“双11新零售空间”,其购物体验如下:首先,通过图像识别技术,天猫无人超市将对消费者进行快速面部特征识别、身份审核,完成“刷脸进店”;其次,通过物品识别和追踪技术,再结合消费者行为识别,天猫无人超市能判断消费者的结算意图;最后通过智能闸门,从而完成“无感支付”。

人工智能在物流行业已经有了丰富的应用。智能机器人在仓储作业中的应用已经非常普遍，自动化立体仓库、无人叉车、AMR(automatic mobile robot，自主移动机器人)等设备的应用，显著提高了仓库分拣、搬运的效率。例如，京东拥有极其庞大的智能仓群，"智能大脑"作为京东亚洲一号的"司令官"，精细控制使仓库中自动化立体货架、无人叉车、无人分拣机、打包机等智能单元能够协调作业，"智能大脑"通过每分钟上亿次的计算，对比传统仓库，能够将智能仓库效率提高至少 3 倍。

在配送方面，无人机配送作为一种不受地形、交通、人员限制的配送方式，成为未来快递配送的主要趋势。顺丰自主研发的用于派送快件的无人机完成了内部测试，在局部地区试运行，这种无人机采用八旋翼，下设载物区，飞行高度约 100m，内置导航系统，工作人员预先设置目的地和路线，无人机将自动到达目的地，误差在 2m 以内。淘宝联合圆通速递，在北京、上海、广州部分区域开展无人机快递实验。京东从 2016 年开始布局智慧物流体系，计划用大数据、云技术、无人车、无人仓和无人机，构建末端配送、支线物流、干线物流三级无人机物流体系，构筑"天地一体"的智慧物流网络。美团于 2021 年在深圳推出了无人机外卖试点，主打 3 公里内的外卖配送，一年来累计完成了 3 万个真实订单。

1.3.3 科研

科研

人工智能正在引领一场新型科学革命。

在生物学中，结构决定功能。蛋白质在细胞中的作用取决于其形态，生物学家缺乏一种仅使用未知蛋白质的 DNA 或 RNA 源序列就能准确有效地预测其三维形状的方法，若能够预测甚至设计蛋白质结构，对于人类疾病理解将是一个飞跃，并会为一系列疾病解锁新的治疗方法。2020 年，谷歌的人工智能团队 DeepMind 宣布其算法 AlphaFold 解决了蛋白质折叠问题。

除了蛋白质折叠问题以外，从宇宙学和化学到半导体设计和材料科学，AI 在许多领域的发现证明了其科学价值。

DeepMind 的团队设计了另一种计算分子的电子密度的算法，击败了科学家几十年来一直依赖的快捷方法。了解给定分子的电子密度对于理解材料的物理和化学性质大有裨益。但由于电子受量子力学支配，计算特定电子的密度需要复杂的方程，很快演变成计算噩梦。相反地，科学家们利用材料电子的平均密度作为引导，避开了困难的量子计算。然而，DeepMind 的算法直接解决了量子方面的问题，并被证明比快捷方法更精确。

在药物化学领域，Insilico 公司正在进入完全由 AI 设计的药物 I 期临床试验阶段，该药物旨在治疗一种称为特发性肺纤维化的疾病。Insilico 的算法通过阅读医学文献来选择疾病目标，以找到潜在的蛋白质、细胞或病原体并进行精确定位。一旦选择了目标，该算法就可以设计一种治疗方法来治疗疾病。Insilico 开发了一个用于药物发现的端到端 AI 平台，该平台可以自动掌握该领域的最新结果和数据，以使科学家能够了解情况而不会不知所措。

阿贡国家实验室(Argonne national laboratory，ANL)的一组科学家研发了一种算法，该算法可以理解引力波，即爱因斯坦预测的时空连续体结构中的涟漪。该算法在 7 分钟内处理了一个月的数据量，提供了一种可加速、可扩展和可重复的引力波检测方法。而且该算法可以在标准图形处理单元(graphic processing unit，GPU)上运行，研究人员无须使用专门设备收集和解释引力波数据。

在ANL,研究人员找到了一种方法来提升电子显微镜可检索到的有关样品的信息量,同时提高仪器的分辨率和灵敏度。不同于许多人在高中或大学生物课上熟悉的显微镜,因为电子显微镜不依赖可见光来构建图像。相反,顾名思义,它们使用电子,这使它们能够以比其他显微镜更高的分辨率和更精细的构造拍摄图像。ANL的研究人员设计了一种在电子显微镜上使用AI记录相位数据的方法,该方法可以传递有关样品物理和化学性质的关键信息,从而提高仪器的功率和容量。与此类似,AI的另一个升级功能是在所谓的光场显微镜中发现的,它可以拍摄高清晰度的3D运动图像。科学家通常需要几天的时间来重建视频,但有了AI后,处理这些运动中的高分辨率数据所需的时间缩短到几秒,而且不会降低分辨率或丢失细节特征。

AI在实验室中真正大放异彩的地方是模拟复杂系统,使其成为基础科学研究中越来越标准的工具。2021年研究人员通过在物理学、天文学、地质学和气候科学等10个科学领域建立突破性的模拟实验,展示了AI的多学科能力。所有仿真器均由同一个称为DENSE的深度神经网络进行训练,与其他方法相比,在保持准确性不变的前提下,仿真速度提高了10亿倍之多。至关重要的是,仿真器可用于解决"逆问题",即研究人员知道结果但想找出哪些变量会导致输出。AI擅长这种计算,并且可以很容易地找出通向特定答案的路径。在2020年的夏天,日本科学家使用世界上非常强大的超级计算机Fugaku来模拟COVID-19在空气中的传播。在深度神经网络和数千个GPU的支持下,Fugaku向世界提供了"病毒是通过空气传播"的决定性证据,并说服WHO相应地改变其控制COVID-19的指导方针(如口罩、通风以及室内与室外活动的风险)。在现实世界中,AI通过在危机期间为全球缓解战略提供信息来证明其价值。2020年,我国的钟南山院士团队与腾讯AI Lab一起,共同研发了一个预测COVID-19患者病情发展的AI模型,可以分别预测5天、10天和30天内病情危重的概率,能更合理地对病人分别进行诊治,此项研究成果于2020年7月15日发表在国际顶级期刊*Nature*的子刊*Nature Communications*上,目前已开源。

在数学领域,20世纪50年代,美国华裔数学家王浩等人利用计算机研究罗素和怀德海的名著《数学原理》中定理的证明,成果突出。从20世纪70年代后期开始,我国数学家吴文俊、张景中等着手用计算机证明几何定理,在国际上产生了巨大影响。1878年6月13日英国数学家凯利在伦敦数学学会上正式提出了四色猜想,然后,对四色猜想的证明就如火如荼地展开了,但由于没有大数学家的参与和人工算力的局限,俄罗斯数学家闵可夫斯基曾在演算失败后感叹:上帝在惩罚闵可夫斯基的狂妄。其难度可见一斑。1976年,两个美国人阿佩尔和哈肯终于用计算机证明了四色猜想。DeepMind团队与数学领域的顶级科学家合作,在拓扑学和表象理论方面证明了两个新猜想:①与悉尼大学乔迪·威廉姆森(Geordie Williamson)教授合作接近证明了一个关于卡兹丹—卢斯提格多项式的古老猜想,这个猜想已困扰数学家们40多年。②与牛津大学马克·拉克比(Marc Lackenby)教授和安德拉斯·尤哈斯(András Juhász)教授一起,通过研究拓扑学纽结理论,观察到代数和几何不变量之间的惊人联系。这是利用机器学习做出的第一个重大数学发现。

甚至在考古领域,AI也做出了贡献。以色列的一个研究团队利用人工智能算法发现了第六个存在人类用火痕迹的遗址。这项研究揭示了以色列一个旧石器时代晚期遗址中存在人类用火的证据。而在这项研究中,作者团队开发了一种基于拉曼光谱和深度学习算法的光谱“温度计”，用来估计燧石伪影的热暴露，检测极端高温扭曲材料的原子结构，从而弥补了用火痕迹在视觉特征上的可能缺失。研究团队首先对1976—1977年在Evron Quarry(以色列的旧石器时代早期露天遗址)挖掘出的材料进行了研究，并没有发现热相关特征在视觉上的明显证据，比如土壤变红，燧石工具变色、开裂或收缩，动物遗骸变色等。团队采用深度学习模型分析材料的化学成分，可靠地区分现代燧石是否被燃烧过，而且能揭示其燃烧的温度。火的热量可以引起附近石头的变化，燃烧会在原子水平上改变骨骼结构，相应的红外光谱也会改变，并以此估计它们的热暴露情况。

2022年3月，DeepMind爆出了一项重要成果：用深度神经网络模型Ithaca修复古希腊受损的石碑铭文，号称predicting the past(预测过去)。文字是文明的载体。从两千多年前开始，古希腊人便在石头、陶器和金属上书写文字，以记录租约、法律、日历、神谕等社会生活的内容。但由于年代久远，许多铭文经过风雨摧残已被损坏，并从原来的位置被移走。在文物修复一块，现代的测年技术(如放射性碳测年)并不能用于研究刻在石头、陶瓷和金属等材料上的铭文，使这些铭文难以解读或解读十分耗时。Ithaca是第一个可以恢复受损铭文的缺失文本，识别铭文在载体上的初始位置以确定书写年限的深度神经网络。经评估表明：Ithaca在恢复受损文本方面的准确率达到了62%，在识别其原始位置方面的准确率达到了71%，并且可以将文本的日期确定在其真实日期范围的30年内。此外，与团队合作的历史专家在单独修复古代文本时准确率只有25%，但当他们与Ithaca合作修复时，准确率提高到了72%，超过了模型的个人性能，体现出了人机协作在历史解释、建立历史事件的相对年代上的优势。

1.3.4 人文

人文

人工智能不仅影响了经济、生活与科学，还对人文及人类精神生活领域产生了影响。在智能写作领域，早在2015年，新华社就推出可以批量编写新闻的写作机器人“快笔小新”，其写稿流程由数据采集、数据分析、生成稿件、编发四个环节组成，适用于体育赛事、经济行情、证券信息等快讯、简讯类稿件的写作。2015年9月，腾讯财经发布写作机器人Dreamwriter，在财经、体育赛事的快速报道中也有很成功的应用。2016年里约奥运会期间，Dreamwriter自动撰写了3000多篇实时战报，是奥运媒体报道团的“效率之王”。在“2017腾讯媒体+峰会”现场，Dreamwriter平均单篇成文速度仅为0.5s，一眨眼的时间就写了14篇稿件。甚至在2022年出现了人工智能写作领域第一案，深圳市南山区人民法院的一纸判决率先给出了司法方面的答案：AI生成作品属于《中华人民共和国著作权法》保护范围。这一由腾讯公司状告“网贷之家”未经授权许可，抄袭腾讯机器人Dreamwriter撰写文章的案件，以腾讯公司胜诉告终。2022年11月，ChatGPT的发布在全球范围内引发了轰动效应。这款基于Transformer架构的大语言模型应用不仅可以用于生成新闻报道，还可以应用于各种不同的场景，如自动回复邮件和生成博文、摘要、诗歌等。随着ChatGPT的发布，一系列大模型产品开始爆发式涌现，进一步提升了新闻的生成速度和质量。

在文学创作类任务中，人工智能依然展现出其强大的能力。百度数字人度晓晓2022年参加高考作文挑战(也就是以“本手、妙手、俗手”为题目的那篇高考作文)，最终以48分的成绩"击败"全国近75%考生,创作水平较此前有大幅提升,如图1-9所示。曾多年担任北京高考语文阅卷组组长的申怡老师表示:"度晓晓作文紧扣主题、立意明确,结构完整、语言流畅,而且还善于引经据典、使用修辞手法。"度晓晓之所以既能作词作曲,又能迅速创作出高分高考作文,背后核心技术源于百度文心大模型,其最新发布的融合任务相关知识的千亿大模型 ERNIE 3.0 Zeus 在学习海量数据和知识的基础上,进一步学习百余种不同形式的任务知识,增强了模型的效果,在各类 NLP 任务上表现出了更强的零样本和小样本学习能力。通俗地讲,文心大模型就像个见多识广的"尖子生""学霸",它的理解能力和创作能力比传统模型更强。

阅读下面的材料,根据要求写作。

"本手、妙手、俗手"是围棋的三个术语。本手是指合乎棋理的正规下法;妙手是指出人意料的精妙下法;俗手是指貌似合理,而从全局看通常会受损的下法。对于初学者而言,应该从本手开始,本手的功夫扎实了,棋力才会提高。一些初学者热衷于追求妙手,而忽视更为常用的本手。本手是基础,妙手是创造。一般来说,对本手理解深刻,才可能出现妙手;否则,难免下出俗手,水平也不易提升。

以上材料对我们颇具启示意义。请结合材料写一篇文章,体现你的感悟与思考。

要求:选准角度,确定立意,明确文体,自拟标题;不要套作,不得抄袭;不得泄露个人信息;不少于800字。

(2022·新高考一卷)

苦练本手,方能妙手随成

围棋是一门复杂多变的技艺,倘若急于求成而忽略了基础的稳扎稳打,那么再高超的技艺也会变成再损己不过的招式。围棋中的"本手、妙手、俗手"与我们的生活日常不也正是息息相关吗?在生活中,我们追求远大的梦想,但也应该关注"本手"的日积月累。

苦练本手,正是一种扎实立根的努力,需要的是朝乾夕惕的定力与韧性。"咬定青山不放松,立根原在破岩中。"千里之行,破岩很重要。同样,万丈高楼,基石更关键。唯有打牢基础,方能妙手随成,大厦顷刻立现。

苦练本手,是十年磨剑,一朝亮剑出锋芒的心无旁骛。亮剑,对于项羽来说是破釜沉舟、背水一战,对于韩信来讲则是忍辱负重、暗渡陈仓。十年磨砺,一朝亮剑,换来的是一手漂亮的"背水一战"。没有牢固扎实的地基,空中楼阁又如何立得起来?没有厚实的砖块如何盖起高楼?一步一个脚印,韩信用十年时光为自己亮剑,终于在历史的画卷上留下了YYDS的一笔,留名青史。

在长久的积淀之外,我们还应该拥有更宽阔的视野,以"穷山距海,不能限也"的无畏,揭开眼前的迷雾,奔向更远大的未来。正如毕加索所感叹的那样:"一个人只有真正找到自己在艺术上的追求,才能随心所欲。"对于艺术家而言,扎实立稳根基是必须的,随心所欲地创造更是每一位志存高远的艺术家心中的最高殿堂。在旷日持久、日复一日的打磨中,我们不应被眼前的琐碎困住步伐,不应被现在的程度限制了更高的想象。"一日新,翌日新,日日新",正是毫无止境的追求才能成就人类更深广意义上的进步。当本手与妙手更好地结合在一起时,或许能创造出生命更意想不到的华章。

苦练本手,方能妙手随成,成就人生传奇。反观正处少年期的我们,有时缺乏的正是这种持之以恒的毅力和精神,遇事浮躁,急功近利。殊不知"冰冻三尺非一日之寒""泰山不择细壤故能就其高,江河不择细流故能成其大"。想要妙手随成,要在毅力上下功夫,要在专心上做文章,更应该不断追问前方的旅途,追问远方。一砖一瓦,扎根;一横一纵,随成。扎实立住根基,妙手随成。

图1-9 百度数字人度晓晓创作的高考作文

素养提升

在微信上搜索小程序"EI体验空间",进入之后,可在"语音&语义"栏目中打开"乐府作诗"功能。它可以提供五言、七言的绝句与律诗写作功能,不仅可以命题作诗,也可以看图作诗。

华为的诺亚方舟实验室推出写诗AI"乐府",我们来欣赏一下它的作品:

人事有怵迫,
工夫无遁藏。
智先归正直,
能自保孤忠。

大家发现没有，这是一首藏头诗，最关键的是科研团队没有用诗的规矩训练这个系统，这完全是系统自己学到的。中国的古诗词有各种各样的形式，如五绝、七绝、五律、七律、满江红、西江月、水调歌头等各种词牌以及对联，每一种都有相应的字数、押韵、平仄、对仗等规定；内容方面虽然简单，但要求更加难以捉摸：一首诗要围绕着一个主题展开，内容上还要具有连贯性。“乐府”背后的能量来自 GPT，核心理念是先用无标签的文本去训练并生成语言模型，然后根据具体的任务通过有标签的数据对模型进行微调。整个模型训练过程一共有两个阶段：预训练和微调。预训练用的是中文新闻语料库，有 2.35 亿个句子；微调用的数据集有 25 万首绝句和律诗、2 万首词以及 70 万副对联。

素养提升

大家可以试用百度推出的“文心一格”，你可以输入一句话（支持中英文），并选择方向、风格、尺寸，就可以生成画作。

多模态学习（multimodel learning）就是在不同的模态间构建联系，让 AI 学会“通感”，也给人类展现了其想象力与创意能力。

自 2022 年以来，涌现出大量优秀的 AI 作画工具，如图 1-10 所示。国外有 DALL-E 2、Midjourney 等，能根据文本的内容“自动”生成栩栩如生的大师级画像，综合文本描述中给出的概念、属性与风格三个元素，生成“现实主义”图像与艺术作品。国内的百度在 2022 年 8 月 19 日发布了国内首个 AI 艺术和创意辅助平台“文心一格”，其支持国风、油画、水彩、水粉、动漫、写实等十余种不同风格高清画作的生成。2022 年 12 月 8 日，由“文心一格”生成的画作《未完・待续》以 110 万元落槌成交，完成全球首次 AI 画作拍卖。这幅画作是对民国才女陆小曼未尽稿的续画，通过深度学习陆小曼作品的山水画元素，AI 完成了续画、上色、生产诗词等环节。

图 1-10　AI 创作的画作

通过文本生成图像的基本原理是基于生成式对抗网络的预训练模型通过文本生成小图像，通过渐进式扩散模型，生成空间由小及大、生成轮廓由粗到细，同时根据生成阶段自动选择最优生成网络。

人工智能在人文方面的进展，引起了比其他领域更多的伦理焦虑，有西方传播学者调查发现，目前互联网中 15%以上的信息是由机器生成并传播的。在电商行业中，滥用写作机器人“刷商品评论”“搞黑公关”的现象已露端倪。更严重的问题是，智能写作中的社交机器人泛滥会恶化网络生态。对个人而言，它可能会导致信息过载、严重干扰个人生活，以及无穷尽的屏幕弹窗和手机短信甚至骚扰电话，其内容乃至声音，很多都是机器自动生成的。实际上，智能写作的大规模应用，给文秘、新闻、外语等领域的行业生态和人才培养带来挑战。

尤其是伴随技术应用而来的浮夸宣传,恐吓教育者和学习者,误导产业规划和教育决策。文本—图像模型的下游应用多种多样,可能会从多方面对社会造成影响,存在被误用的潜在风险。此外,文本—图像模型对数据的要求导致研究人员严重依赖大型的、大部分未经整理的、网络抓取的数据集。虽然近年来这种方法使算法快速进步,但这种性质的数据集往往会夹带社会刻板印象、压迫性观点甚至不良内容。因此,DALL·E 2 和 Imagen 都没有完全开放给公众使用。

1.4 习 题

1. 简述人类智能与人工智能的区别。

2. 简述机器与人的交流存在哪些难点。

3. 人工智能已在我们身边无处不在,请列举你手机中的人工智能应用,并辨析一下哪些是弱人工智能,哪些是强人工智能。

第 2 章　人工智能的过去、现在与未来

学习目标：

- 掌握人工智能发展阶段及其特点；
- 了解人工智能领域的代表性人物及其贡献；
- 了解当前人工智能发展趋势；
- 理解人工智能伦理界限。

人工智能犹如一位命运多舛的巨人，从诞生至今，经历了三次崛起与两次低谷。从第二次世界大战时期的密码破解，到 Deep Blue 战胜加里·基莫维奇·卡斯帕罗夫，再到 AlphaGo 击败李世石，其中的故事精彩纷呈，人工智能的发展史可谓是一段励志的巨人崛起史。此外，人工智能到底会对人类发展造成什么影响。是否犹如科幻电影里所想象的，在未来，人工智能将击败人类，成为一种新的文明呢？以上种种都有待我们继续探究。

2.1　人工智能的诞生

人工智能的诞生

谈到人工智能的诞生，必须要提到一个人——图灵(见图 2-1)，图灵的全名为阿兰·麦席森·图灵(Alan Mathison Turing，1912 年 6 月 23 日—1954 年 6 月 7 日)，是英国数学家、逻辑学家，他提出的著名的图灵机模型，为现代计算机的逻辑工作方式奠定了基础，因此图灵被称为“计算机科学之父”。计算机领域的国际最高奖项“图灵奖”就是为了纪念图灵而设立的，该奖被誉为“计算机界的诺贝尔奖”，下文提到的约翰·麦卡锡就是第六届图灵奖的获得者。

图 2-1　计算机科学之父图灵

早在 1950 年，图灵就曾向大众提出过一个著名的关于机器人的问题，那便是：“机器人能思考吗？”图灵的这个问题既激起了人们对机器人发展前景的展望，也引发了人们对于机器人更深层次的思考。

2.1.1　图灵测试与中文屋

图灵在人工智能方面的一个突出贡献是提出了一种用于判定机器是否具有人类智能的测试方法，即图灵测试，该测试自从提出之后就产生了巨大影响，每年都有试验的比赛，因此

图灵也被冠以“人工智能之父”称号。

知识小贴士

图 灵 测 试

1950 年,图灵在他的一篇名垂青史的论文 *Computing Machinery and Intelligence* 中提到:“我建议大家考虑这个问题:‘机器能思考吗?’”由于人们很难精确地定义“思考”,所以图灵提出了“模仿游戏”,即图灵测试(见图 2-2),用于测试机器是否具备人类智能。

图 2-2　图灵测试

图灵详细介绍了“模仿游戏”的测试方法:游戏分为房间外的猜测者、房间内的一男一女三方,猜测者向房间内的男女提问,里面的两个人只能以写字的方式回答问题,然后请房间外的人猜测哪一位回答者是女人。测试中,男人可以欺骗猜测者,让猜测者以为自己是女人;女人则要努力让猜测者相信自己。

进一步地,将这一男一女换成人与计算机,如果猜测者无法根据回答判断哪个是人,哪个是计算机,那么可以判断计算机具有人类智能。1952 年,图灵在一场 BBC 广播中,提出一个新的、更为具体的想法:让计算机来冒充人,如果判断正确的人不足 70%,也就是超过 30%的人误认为与自己说话的是人而不是计算机,那么可以判断计算机通过了测试,具有人类智能。

图灵测试引发了人们对“有思想的机器”(imaginable machine)的好奇,引发了许多创新,如很多公司一直在尝试创建智能聊天机器人。

然而,即使一台机器能够通过测试,这台机器也难以被视为是具备智能的。例如,即使某个智能客户能骗过你,让你以为在和人说话,但这并不意味着它能提供真正有意义的对话。有不少专家对于该项测试还是抱着质疑的态度。

相对于图灵测试,另一个著名的人工智能思想实验是中文屋(Chinese room),又称作华语房间,是由美国哲学家约翰·塞尔(John Searle)在 1980 年设计的一个思维实验,用来反驳以图灵测试为代表的强人工智能的观点。假设在房间里的人不会说中文,他不能用中文思考,但因为他拥有某些特定的工具,他甚至可以让以中文为母语的人以为他能流利地说中文(指通过图灵测试)。塞尔认为计算机就是这样工作的,它们无法真正地理解接收到的信息,但它们可以运行一个程序来处理信息,然后给人一种智能的印象。

知识小贴士

中 文 屋

美国哲学家约翰·塞尔在 1980 年提出了中文屋思维实验,如图 2-3 所示。

这个思维实验是说,如果把一位只会说英语的人关在一个封闭的房间里,他只能靠墙上的一个小洞传递纸条来与外界交流,而外面传进来的纸条全部由中文写成。

这个人带着一本写有中文翻译程序的书，房间里还有足够的稿纸、铅笔和橱柜，那么利用中文翻译程序，这个人就可以把传进来的文字翻译成英文，再利用程序把自己的回复翻译成中文并传出去。在这样的情景里，外面的人会认为屋里的人完全通晓中文，但实际上这个人只会通过翻译工具进行翻译，其实对中文一窍不通。

图 2-3 中文屋思维实验

在现实中，我们大量使用图灵测试的另外一种简化形式——验证码（见图 2-4）。验证码的用处是区分操作者是人还是机器人，仅通过一个简单的测试问题：能否从一个图片中看出里面写的是什么文字。

2.1.2 达特茅斯会议

1956 年 8 月，在美国汉诺斯小镇宁静的达特茅斯学院中，一群年轻而充满想象力的学者聚在一起，召开了一个讨论会，如图 2-5 所示。会议由当时达特茅斯学院的年轻数学助教、时任斯坦福大学教授约翰·麦卡锡（John McCarthy），当时哈佛大学年轻数学家和神经学家、麻省理工学院教授马文·李·明斯基（Marvin Lee Minsky），当时 IBM 公司信息研究中心负责人纳撒尼尔·罗切斯特（Nathaniel Rochester），当时贝尔实验室信息部数学研究员克劳德·艾尔伍德·香农（Claude Elwood Shannon）共同发起，邀请普林斯顿大学的特伦查德·摩尔（Trenchard Moore）、IBM 公司的阿瑟·塞缪尔（Arthur Samuel）、麻省理工学院的奥利弗·塞尔弗里奇（Olivier Selfridge）和雷·所罗门诺夫（Ray Solomonff）以及当时兰德（RAND）公司的赫伯特·亚历山大·西蒙（Herbert Alexander Simon）和卡内基·梅隆大学的艾伦·纽厄尔（Allen Newell）等参加，会议围绕“用机器来模仿人类学习以及其他

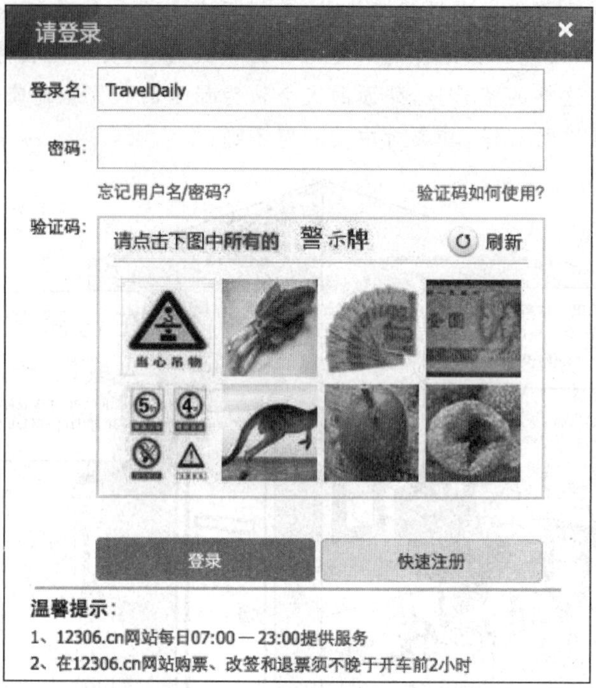

请登录
登录名：
TravelDaily
密码：
忘记用户名/密码?
验证码如何使用?
验证码：
请点击下图中所有的 警示牌
刷新
当心吊物
登录
快速注册
温馨提示：
1、12306.cn网站每日07:00—23:00提供服务
2、在12306.cn网站购票、改签和退票须不晚于开车前2小时

图 2-4　图灵测试的现实应用——验证码

纳撒尼尔·罗切斯特
IBM 701计算机总设计师
奥利弗·塞尔弗里奇
机器感知之父
艾伦·纽厄尔
1975年图灵奖获得者
马文·李·明斯基
1969年图灵奖获得者
约翰·麦卡锡
1971年图灵奖获得者
LISP语言发明者
克劳德·艾尔伍德·香农
信息论的创始人
赫伯特·亚历山大·西蒙
1975年图灵奖获得者
1978年诺贝尔经济学奖获得者

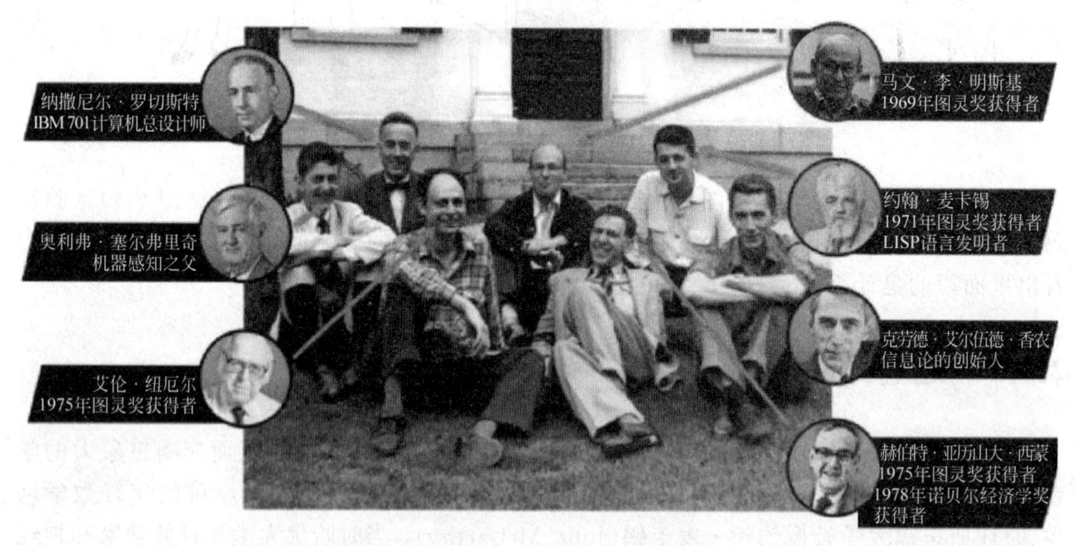

图 2-5　诞生人工智能的达特茅斯会议

方面的智能”展开讨论。约翰·麦卡锡给这个活动起了一个名字：人工智能夏季研讨会(Summer Research Project on Artificial Intelligence)，虽然年轻的学者们讨论了两个月还是没能达成共识，但是人工智能(artificial intelligence，AI)这个名词从此诞生于世，1956 年也就成为人工智能元年。

达特茅斯会议被广泛认为是人工智能诞生的标志，从此人工智能走上了快速发展的道路。

2.1.3　人工智能之父

除了图灵被冠以“人工智能之父”称号外，约翰·麦卡锡也被称为“人工智能之父”。麦卡锡是达特茅斯会议的主要发起人，计算科学家、认知科学家，也是他提出了“人工智能”的概念。麦卡锡对于人工智能的兴趣始于1948年参加的一个名为“脑行为机制”的讨论会，会上，约翰·冯·诺伊曼(John von Neumann)提出的自复制自动机(可以复制自身的机器)激起麦卡锡的好奇心，自此他开始尝试在计算机上模拟智能。达特茅斯会议后不久，麦卡锡与明斯基两人共同创建了世界上第一座人工智能实验室——MITAILAB实验室，开始从学术角度对AI展开专业研究。

人工智能是在1956年作为一门新兴学科的名称正式提出的，自此之后，它取得了惊人的成就，获得了迅速的发展，它的发展历史可归结为野蛮生长期、曲折前行期和飞速发展期这三个阶段。

素养提升

反观图灵测试与中文屋，同学们是否感到奇怪，图灵这样的牛人提出的观点也有人敢于反驳吗？其实，这就是敢于质疑、勇于挑战的科学精神，科学研究、技术进步都需要这种精神，在质疑中辩证，在挑战中进步。

2.2　人工智能的野蛮生长期

人工智能的
野蛮生长期

2.2.1　人工智能的第一次崛起

在达特茅斯会议期间，“人工智能”一词虽然被提出，但并没有获得大家的完全认可。“人工智能”一词真正被学界广为接受要等到1965年，休伯特·德雷弗斯(Hubert Dreyfus)发表了著名的《炼金术与人工智能》报告之后，随着该报告的高销量使“人工智能”这一词在AI学者中广为流传。

自达特茅斯会议之后的十多年，迎来了人工智能发展的第一次崛起。成立于1958年的美国国防高级研究计划署对人工智能领域进行了数百万美金的投资，推进计算机科学家们探索人工智能技术新领域。当时认为只要机器被赋予了逻辑推理能力就可以实现人工智能，但制造出来的机器仅具备基本的逻辑推理能力还远远达不到“智能”的水平，充其量只能算是在弱人工智能方面刚刚起步。即使如此，这个时期涌现了最早的一批人工智能研究者和技术，人工智能的研究在机器学习、模式识别、专家系统及人工智能语言等方面取得了令人瞩目的成就。

1957年，弗兰克·罗森布拉特(Frank Rosenblatt)提出了第一个机器学习模型，成功研制了感知器。尽管比较简单，而且有局限性，但感知器在神经网络发展的历史上占据着特殊位置：它是第一个从算法上完整描述的神经网络。

1959年，奥利弗·塞尔弗里奇推出了一个模式识别程序；1965年，罗伯特(Roberts)编制出了可分辨积木构造的程序。

1960 年,约翰·麦卡锡研制出了人工智能语言 LISP(list processing,列表处理),LISP 成为建造专家系统的重要工具,成为以后几十年来人工智能领域主要的编程语言,在人工智能语言方面取得了重大进展。

1961 年,世界上第一个工业机器人尤尼梅特(Unimate,见图 2-6)在通用汽车公司生产车间"上班",当时大家都觉得它是现代化带来的奇迹,对于工人来说,机器人所做的工作不仅繁重,而且危险,但 Unimate 可以轻松胜任,化险为夷。

1964 年,世界上第一台聊天机器人伊莉莎(Eliza,见图 2-7)诞生。伊莉莎是麻省理工学院的计算机科学家约瑟夫·维森鲍姆(Joseph Weizenbaum)建造的,这也是第一个尝试通过图灵测试的软件程序,伊莉莎曾模拟心理治疗医生和患者交谈,在首次使用的时候就骗过了很多人。"对话就是模式匹配",这是计算机自然语言对话技术的开端。

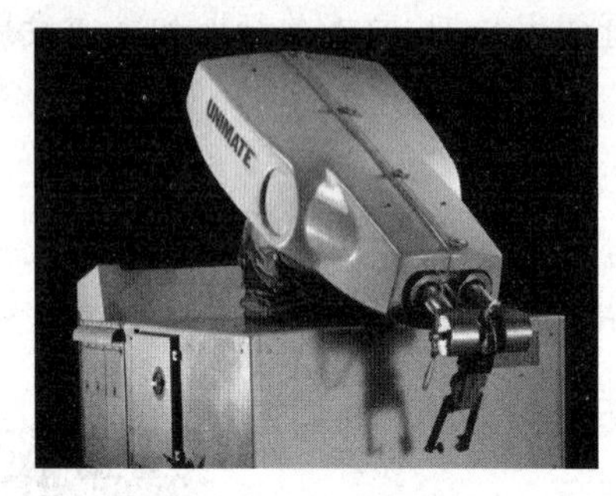

图 2-6 世界上第一个工业机器人尤尼梅特

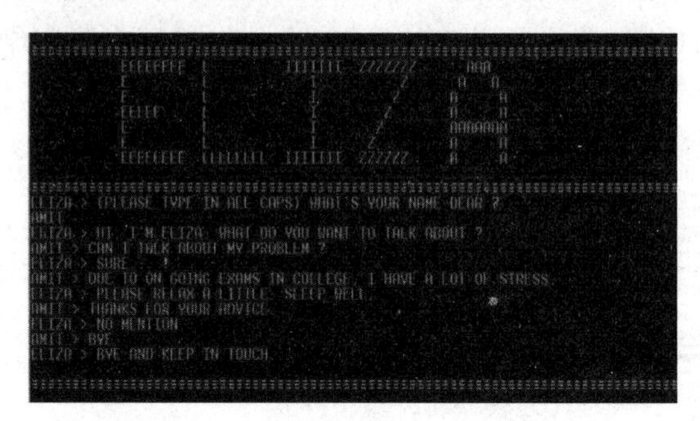

图 2-7 世界上第一台聊天机器人伊莉莎

1968 年,斯坦福大学的爱德华·费根鲍姆(Edward Feigenbaum)领导的研究小组研发完成专家系统 DENDRAL 并投入使用。该专家系统能根据质谱仪的实验,通过分析推理确定化合物的分子结构,其分析能力已接近甚至超过有关化学专家的水平,在美、英等国得到了实际的应用。该专家系统的研制成功不仅为人们提供了一个实用的专家系统,而且是对知识表示、存储、获取、推理及利用等技术的一次非常有益的探索,为以后专家系统的建造树立了榜样,对人工智能的发展产生了深刻的影响。

图 2-8 世界上第一台移动机器人谢克

1968 年,世界上第一台移动机器人谢克(Shakey,见图 2-8)诞生。它是由查理·罗森(Charlie Rosen)领导的斯坦福研究所(现在称为斯坦福国际咨询研究所)研制的。"移动"是机器人的重要标志,Shakey 能够自主感知、分析环境、规划行动并执行任务,拥有类似于人类的感觉(如听觉、触觉)。由于受当时的计算机缓慢运算速度所限,Shakey 需要数小时的时间来感知环境、分析环境和规划行动路径,这使机器人 Shakey 显得简单而又笨拙,但它却是当时将 AI 应用于机器人中最为成功的案例,证实了许多属于人工智能领域的严肃科学结论,其在实现过程中获得的成果也影响了很多后续的研究。

1969 年成立的国际人工智能联合会议(International Joint Conferences on Artificial

Intelligence,IJCAI)是人工智能发展史上一个重要的里程碑,它标志着人工智能这门新兴学科已经得到了世界的肯定和认可。

1970年创刊的国际性人工智能杂志*Artificial Intelligence*对推动人工智能的发展、促进研究者们的交流起到了重要的作用。

2.2.2 符号主义AI

达特茅斯会议催生了第一个研究者阵营,即符号主义者(symbolists),会议明确提出了符号主义AI的基本思路:人类思路的很大一部分是按照推理和猜想规则对词(words)进行操作所组成的,基于这个思路提出了基于知识和经验的推理模型。开发符号主义AI的研究人员的目的是明确地向计算机教授世界知识。会议之后的几年里,还出现了连接主义者(connectionist),连接主义者受到生物学的启发,致力于人工神经网络的研发,这种网络可以接收信息并自行理解。

2.3 人工智能的曲折前行期

与其他大部分新兴学科的发展一样,人工智能的发展道路也是坎坷不平的。

2.3.1 人工智能的第一次低谷

20世纪70年代见证了第一个人工智能冬天,人工智能进入了一段痛苦而艰难的岁月。当时发现,由于人工智能研究除了炒作外没有任何实质性的进展,以机器翻译为例,机器翻译出来的文字有时会出现十分荒谬的错误。例如,当把"心有余而力不足"的英语句子"The spirit is willing but the flesh is weak"翻译成俄语,然后翻译回来时竟变成了"The wine is good but the meat is spoiled",即"酒是好的,但肉变质了",人工智能变成了"人工智障"。于是,英国、美国当时中断了对大部分机器翻译项目的资助。在其他方面,如问题求解、神经网络、机器学习等,也都遇到了困难,出生就遇到黄金时代的人工智能,过度高估了科学技术的发展速度。1973年,詹姆士·莱特希尔(James Lighthill)撰写的针对英国人工智能研究状况的批评报告成为人工智能进入低谷的导火索,各国或机构停止或减少了对人工智能的资金投入,至此,人工智能遭遇了长达6年的科研困境。

究其原因,当时学者们解决人工智能问题的主要思路是以人为师,通过专家编制规则的方法教机器下棋、认字乃至语音识别,后来发现,相较于教计算机下棋,教计算机"看"和"听"更加困难,人类的视听觉器官虽然很发达,却很难总结、提炼其中的规律,3岁小孩能做的事,计算机却很难学会,这便是著名的莫拉维克悖论(Marovec's paradox)。于是,人工智能在美好憧憬中迎来了残酷的现实,学者们发现解决问题是如此遥远。

知识小贴士

莫拉维克悖论

莫拉维克悖论是由人工智能和机器人学者所发现的一个和常识相左的现象。和传统认识不同,人类所独有的高阶智慧能力只需要非常少的计算能力,如统计与推理,但是无意识的技能和直觉却需要极大的运算能力。这个理念是由汉斯·莫拉维克(Hans Moravec,见图2-9)、罗德尼·布鲁克斯(Rodney Brooks)、马文·李·明斯基等人于20世纪80年代所阐释的。如莫拉维克所写:"要让计算机如成人般地下棋是相对容易的,但是要让计算机有如一岁小孩般的感知和行动能力却是相当困难甚至是不可能的。"

图2-9 汉斯·莫拉维克

语言学家和认知科学家史迪芬·平克(Steven Pinker)在《语言本能》这本书里写道:经过35年人工智能的研究,发现的最重要课题是"困难的问题是易解的,简单的问题是难解的"。3岁小孩具有的本能——辨识人脸、举起铅笔、在房间内走动、回答问题——事实上是工程领域内目前为止最难解的问题。当新一代的智慧装置出现,股票分析师和石化工程师要小心他们的位置被取代,但是园丁、接待员和厨师至少十年内都不用担心被人工智能所取代。

简而言之,莫拉维克悖论就是:人类的高级逻辑思维需要的运算量较少,而本能和直觉相关的能力需要的运算量却非常巨大。人工智能模型可以完成非常复杂的统计和数据推理任务,而许多对人类来说微不足道的任务(如感知和行动方面),对计算机来说甚至无法达到儿童的技能水平。

2.3.2 人工智能的第二次崛起

然而,真正的人工智能研究者没有放弃。

既然靠人指导不行,那就祭出法宝:从数据里统计规律。在数据+统计的方法论下,诸如人脸识别、手写识别等一些较为简单的问题取得了重大进展,而在当时最困难的问题——大词表连续语音识别上,统计方法也史无前例地造就了实验室中"基本可用"的系统。到此时,我们感觉找到了解决人工智能问题的基本思路,是为第二次崛起。

1977年,费根鲍姆在第五届国际人工智能联合会议上提出了"知识工程"的概念,对以知识为基础的智能系统的研究与建造起到了重要的作用。大多数人接受了费根鲍姆关于以知识为中心展开人工智能研究的观点。从此,人工智能的研究又迎来了蓬勃发展的以知识为中心的新时期。

1978年,卡内基·梅隆大学开始开发一款能够帮助顾客自动选配计算机配件的软件程序XCON,并且在1980年真实投入工厂使用,这是个完善的专家系统,包含了设定好的超过2500条规则,在后续几年处理了超过80000个订单,准确度超过95%,每年节省超过2500万美元。1980年卡内基·梅隆大学研发的XCON正式投入使用,这成为一个新时期的里程碑,专家系统开始在特定领域发挥威力,也带动整个人工智能技术进入了一个繁荣阶段。

1979 年,斯坦福大学制造了有史以来最早的无人驾驶车 Stanford Cart(见图 2-10),它依靠视觉感应器能够在没有人工干预的情况下,自主地穿过散乱摆放椅子的房间,虽然可能有点慢,需要几个小时才能完成。

图 2-10 斯坦福大学制造的无人驾驶车 Stanford Cart

到 20 世纪 80 年代初,基于符号主义(symbolists)的研究者迎来了鼎盛时期,他们因特定学科(如法律或医学)知识的专家系统而获得资助。投资者希望这些系统能很快找到商业应用。最著名的符号人工智能项目始于 1984 年,当时研究人员道格拉斯·莱纳特(Douglas Lenat)开始着手一项名为 Cyc 的项目,Cyc 项目的目的是建造一个包含全人类全部知识的专家系统,"包含所有专家的专家"。截至 2017 年,它已经积累了超过 150 万个概念数据和超过 2000 万条常识规则,曾经在各个领域产生超过 100 个实际应用,它被认为是当今最强人工智能"沃森"(Waston)的前身,然而,Cyc 离实现通用智能还差得很远。

1986 年,德国慕尼黑的联邦国防军大学在一辆梅赛德斯-奔驰面包车上安装了计算机和各种传感器,实现了自动控制方向盘、油门和刹车。这是真正意义上的第一辆自动驾驶汽车,叫作 VaMoRs,时速超过 80km。

这个阶段的研究工作有积极意义,实现了人工智能从理论研究走向专门知识应用,是 AI 发展史上的一次重要突破与转折。但是,这个阶段既没能研发海量存储的数据库,也没人知道一个程序怎样才能"学习"如此海量的信息。失去了方向,人工智能研究进展迟缓,提供资助的机构也逐渐停止了资金支持。

2.3.3 人工智能的第二次低谷

20 世纪 80 年代末,商业的寒风吹来了第二个人工智能冬天,命运的车轮再一次碾压人工智能。

专家系统市场的全面崩溃是因为它们需要专门的硬件,无法与越来越通用的台式计算机竞争。人工智能领域当时主要使用约翰·麦卡锡的 LISP 编程语言,所以为了提高各种人工智能程序的运输效率,很多研究机构或公司都开始研发制造专门用来运行 LISP 程序的计算机芯片和存储设备,打造人工智能专用的 LISP 机器。而 20 世纪 80 年代也正是个人计算机崛起的时间,IBM PC 和苹果计算机快速占领整个计算机市场,它们的 CPU 频率和速度稳步提升,越来越快,甚至变得比昂贵的 LISP 机器更强大。直到 1987 年,专用 LISP 机器硬件销售市场严重崩溃,硬件市场的溃败和理论研究的迷茫,加上各国和机构纷纷停止向人工智能研究领域投入资金,导致人工智能领域再一次进入数年寒冬。

当时人工智能面临的瓶颈有以下几个方面。第一,问题的复杂度上升。第二,计算能力有限,就像火箭需要有足够的推动力才能向前飞行,人工智能也需要足够的计算力才能真正发挥作用。第三,数据量(尤其是常识数据量)严重不足,人工智能还需要大量的人类经验和真实世界的数据,要知道即使是一个三岁婴儿的智能水平,也是观看过数亿张图像、听过数万小时声音之后才形成的。曾经一度被非常看好的神经网络技术,过分依赖计算力和经验数据量。由于当时计算机和互联网都没有普及,获得如此庞大的数据是不可能的任务,因此神经网络技术长时期没有取得实质性的进展,以语音识别为例,在"基本可用"到"实用"之间的鸿沟,十几年都没法跨过去。

2.3.4 人工智能的第三次崛起

廉价的通用计算机对连接主义者来说是一个福音,他们获得了足够的计算机能力来运行具有多层人工神经元的神经网络,这类系统被称为深度神经网络,它们实现的方法被称为深度学习。

1992 年,当时在苹果公司任职的李开复,使用统计学的方法设计开发了具有连续语音识别能力的助理程序 Casper,这也是 20 年后苹果 Siri 最早的原型。Casper 可以实时识别语音命令并执行计算机办公操作,类似于通过语音控制做 Word 文档。

1995 年,理查德·华莱士(Richard Wallace)受到 20 世纪 60 年代聊天程序 Eliza 的启发,开发了新的聊天机器人程序 Alice,它能够利用互联网不断增加自身的数据集,优化内容。

1997 年,IBM 的计算机"深蓝"战胜了人类世界象棋冠军卡斯帕罗夫,如图 2-11 所示。

图 2-11 AI"深蓝"战胜棋王卡斯帕罗夫

1997 年,两位德国科学家赛普·霍克赖特(Sepp Hochreiter)和于尔根·施米德赫伯(Jürgen Schmidhuber)提出了长短期记忆(long short-term memory, LSTM)网络,这是一种今天仍用于手写识别和语音识别的递归神经网络,对后来人工智能的研究有着深远影响。

1998年,美国公司创造了第一个宠物机器人Furby。

2000年,本田公司发布了机器人产品ASIMO,经过十多年的升级改进,在当时已经是全世界最先进的机器人之一。

2004年,美国神经科学家杰夫·霍金斯(Jeff Hawkins)出版了*On Intelligence*一书,深入讨论了全新的大脑记忆预测理论,指出了依照此理论如何去建造真正的智能机器,这本书对后来神经科学的深入研究产生了深刻的影响。

2006年,杰弗里·辛顿(Geoffrey Hinton)出版了*Learning Multiple Layers of Representation*,为后来神经网络奠定了基础,至今仍然是人工智能深度学习的核心技术。

2007年,在斯坦福任教的华裔科学家李飞飞,发起创建了ImageNet项目。自2010年开始,ImageNet每年举行大规模视觉识别挑战赛,全球开发者和研究机构都会参与,贡献最好的人工智能图像识别算法进行评比。尤其是2012年由多伦多大学在挑战赛上设计的深度卷积神经网络算法,被业内认为是深度学习革命的开始。

神经网络的拥护者仍然面临一个大问题:他们的理论框架逐渐拥有越来越多的计算能力,但是世界上没有足够的数据来供他们训练模型,至少对于大多数应用程序来说是这样,所以,人工智能的春天还没有到来。

素养提升

人工智能犹如一位命运多舛的巨人,从诞生至今,经历了三次崛起与两次低谷,在人工智能的发展过程中,涌现了一批批科研工作者,其中,有图灵、麦卡锡等历史留名的代表性人物,也有更多默默无闻的科研工作者,无论是在人工智能发展高峰期还是在低谷期,是他们凭借着对科学技术的执着,前赴后继地投入人工智能的研究中,是他们对科学的执着追求与孜孜不倦,推动着人工智能的不断发展,使人工智能有了今天的成就。

2.4 人工智能的飞速发展期

2011年以来,一切都变了,大规模算力+大规模数据为人工智能插上了双翼,人工智能的人生开启开挂模式。

随着互联网的蓬勃发展,突然间,数据无处不在。计算机和互联网一方面为人工智能提供了创造商业价值的载体,让AI技术研究可以稳步推进;另一方面也为人工智能的爆发积累了强大的算力和经验数据,足量的数据是训练神经网络的基础。

随着计算机软硬件的发展,算力呈指数级增长。在游戏行业,需要强大算力的计算机科学家意识到,他们可以使用GPU执行其他任务,如训练神经网络。华裔科学家吴恩达及其团队在2009年开始研究使用GPU进行大规模无监督式机器学习工作,尝试让人工智能程序完全自主地识别图形中的内容。杰弗里·埃弗里斯特·辛顿(Geoffrey Everest Hinton)和学生埃里克斯·克思泽夫斯基(Alex Krizhevsky)一起发现用GPU训练神经网络,能大幅提高速度,由此,深度模型可以疯狂吸收数据的优势就发挥出来了,这在语音识别、图像识别等领域带来了飞跃式的进展。

2011年,在综艺竞答类节目《危险边缘》中,IBM的"沃森"系统与真人一起抢答竞猜,虽然“沃森”的语言理解能力也闹出了一些“人工智障”的小笑话,但凭借其强大的知识库最后仍然战胜了两位人类冠军。

2012 年,Hinton 实验室的学生埃里克斯使用 CUDA(compute unified device architecture,统一计算设备架构)编写了一份神经网络的代码,被称为 AlexNet 模型,其效果惊艳了整个学术界,在 ImageNet 挑战赛上,其图像识别算法准确度超越了人类。

2012 年,吴恩达取得了惊人的成就,向世人展示了一个超强的神经网络,它能够在自主观看数千万张图片之后,识别那些包含有小猫的图像内容。这是历史上在没有人工干预的情况下,机器自主强化学习的里程碑式事件。

图 2-12　AlphGo(阿尔法狗)战胜李世石和柯洁

2014 年,伊恩·古德费罗(Ian Goodfellow)提出 GANs 生成对抗网络算法,这是一种用于无监督学习的人工智能算法,这种算法由生成网络和评估网络构成,以左右互搏的方式提升最终效果,这种方法很快被人工智能很多技术领域采用。

2016 年和 2017 年,谷歌发起了两场轰动世界的围棋人机之战,其人工智能程序 AlphaGo 连续战胜曾经的围棋世界冠军韩国李世石,以及现任围棋世界冠军中国的柯洁,如图 2-12 所示。

AlphaGo 背后是谷歌收购不久的英国公司 DeepMind,专注于人工智能和深度学习技术,目前该公司的技术不仅用于围棋比赛,更主要用于谷歌的搜索引擎、广告算法以及视频、邮箱等产品。人工智能技术已经成为谷歌的重要支撑技术之一。

知识小贴士

历史上里程碑意义的人机对弈

1. AI“深蓝”战胜棋王卡斯帕罗夫

1997 年 5 月 11 日,AI“深蓝”战胜棋王卡斯帕罗夫!这是人工智能首次在国际象棋领域以总比分胜出的方式击败人类顶尖棋手。“深蓝”在人工智能的发展史上有很大的象征意义,甚至可以说是一个里程碑。

卡斯帕罗夫曾 11 次获得国际象棋奥斯卡奖。他是国际象棋史上的奇才,被誉为“棋坛巨无霸”。1996 年卡斯帕罗夫首次与 IBM 公司的“深蓝”交手,以 4∶2 的战绩获胜。1997 年卡斯帕罗夫再次与经过改进的“深蓝”对垒,结果以 2.5∶3.5 的比分败北。2003 年卡斯帕罗夫两次与两个超级引擎(分别是 DeepJunior、DeepFritz)对阵,结果“握手言和”。

人类最后的面子——只剩围棋!

2.“阿尔法狗”击败围棋棋王李世石,打哭天才棋手柯洁

2016 年 3 月展开了一次可以写入历史的“人机大战”,比赛一方是谷歌阿尔法狗,另一方是世界围棋冠军、韩国名将、九段棋王李世石。这场大战持续了 5 天,“阿尔法狗”以 4∶1 的总比分击败了人类顶尖棋手,这个版本的“阿尔法狗”则被纪念性地称为了“阿尔法狗·李”。李世石在唯一的胜局——第四局——之后曾经表示:“这次胜利是如此珍贵,用世上的任何东西来换我都不会换”。李世石说得简直太对了,那一局确实弥足珍贵,不仅是对他,而且是对全人类。因为那是“阿尔法狗”与人类职业棋手的74次正式对决中人类的唯一胜利，并且实际上也是截至目前人类最后一次在围棋领域战胜人工智能。

这次对弈也被称为人工智能发展史上的“登月事件”。

此后的2017年5月，“阿尔法狗”三连杀赢了柯洁，柯洁当场泪流。

2018年，谷歌发布了语音助手的升级版演示，展示了语音助手自动电话呼叫并完成主人任务的场景，其中包含了多轮对话、语音全双工等新技术，这预示着新一轮自然语言处理和语义理解技术的到来。

人工智能经历了一个甲子的发展历程，涌现出了众多影响深远的技术、学者、公司和产品，60多年前，麦卡锡曾经描绘的美好愿景正在一步一步地被人工智能技术所实现。

今日人工智能的发展已突破了一定的阈值，与前几次热潮相比，这一次的人工智能发展比前几次更实在，这种实在来自不同垂直领域的性能提升和效率优化，语音识别、机器视觉、自然语言处理的准确率逐渐扮演重要角色。

2.5　人工智能的未来畅想

人工智能的未来畅想

随着大数据的积聚、理论算法的革新、计算能力的提升和新一代网络设施的演进，人工智能研究和应用进入全新的发展阶段，人工智能有望开启新一轮产业革命。

经过60多年的演进，特别是在移动互联网、大数据、超级计算、传感网、脑科学等新理论新技术以及经济社会发展强烈需求的共同驱动下，人工智能加速发展，呈现出深度学习、跨界融合、人机协同、群智开放、自主操控等新特征。

2.5.1　人工智能发展趋势与特征

1. 从弱人工智能向强人工智能迈进

目前，人工智能的发展都还处在弱人工智能领域，其应用案例主要集中在专用智能方面，具有领域局限性。例如，苹果的Siri就属于弱人工智能应用，它只能执行有限的预设任务，尚不具备智力或意识；在围棋上打遍天下无敌手的AlphaGo，虽然谷歌宣布将其用于围棋之外的其他领域，但它目前依然属于弱人工智能，而非强人工智能。人工智能已经在几乎所有需要思考的领域(如微积分、翻译等)超过了人类，但在人类和其他动物不需要思考就能轻而易举实现的领域(如视觉、直觉、移动等)，对人工智能来说却非常困难，我们离强人工智能还有非常远的距离。

虽然对于人类能否发展强人工智能还在争论、探讨阶段，但可以肯定的是人工智能不会仅满足于专用领域的应用，毫无疑问，实现从弱人工智能向强人工智能的跨越式发展，是下一代人工智能发展的必然趋势，强人工智能是人工智能研究者孜孜追求的未来目标。

辨析

索尼推出的 Aibo 机器狗能模拟宠物狗的很多习性，能自动充电，可替代宠物狗成为人类的伙伴，它属于弱人工智能还是强人工智能领域？

2. 从智能感知向智能认知方向迈进

人工智能的主要发展阶段包括运算智能、感知智能、认知智能，这一观点得到业界的广泛认可，如图像处理、图像识别、图像理解是三个不断进阶的发展阶段。早期阶段的人工智能是运算智能，机器具有快速计算和记忆存储能力；当前大数据时代的人工智能是感知智能，机器具有视觉、听觉、触觉等感知能力；随着类脑科技的发展，人工智能必然向认知智能时代迈进，即让机器能理解、会思考。

3. 从人工＋智能向自主智能系统发展

人类看书听课等可学习到知识，但机器还做不到。人工采集和标注大样本训练数据，是这些年来深度学习取得成功的一个重要基础。例如，要让机器明白一幅图像中哪一块是天空、哪一块是草地、哪一块是人物，需要人工标注，非常费时费力，所以，一些机构如谷歌，开始试图创建自动机器学习算法，试图以此来降低 AI 的人工成本。

4. 从机器智能向人机协作发展

今天的机器学习框架大多是基于大数据的深度学习框架，人工智能仅能完成某方面或某几方面的任务，肯定会遇到机器智能处理不了的情景，很多复杂的任务还需人类运用智能来解决。所以，人工智能一个非常重要的发展趋势是人机协作来解决问题，“人＋机器”的组合将是人工智能演进的主流方向，人机共存将是人类社会的新常态。人机增强机体属于人机协作的一个领域，能够帮助人类增强物理机体能力，完成一些人类靠自身体力完不成的事情，人机增强机体的未来目标是实现人与机器和谐共处，使操控机器如同人类操控自己的器官一样自然。

5. 机器学习(含深度学习)从“大数据”过渡到“大规则”

深度学习依赖大数据，其瓶颈也在于大数据。突破深度学习的数据瓶颈，可以尝试构建规则的众包系统，让人类教机器学习过程，其目的不是输入数据，而是让机器学习规则。由于我们试图从日常的活动中学习规则，这种规则普通人都可以标注示教，这就打破了以前专家系统需要“专家”的局限。这种从“大数据”过渡到“大规则”的模型构建方式显然也更符合人类的认知。

6. 智能运动的研究方向聚焦仿生

机器人的运行系统应该像人一样满足：高效、灵活、精确、鲁棒、刚柔并济、轻量、自适应等指标。当前的运动智能可能在某一个维度表现优秀，但综合考量起来仍然有很多缺点。运动智能的一个重要研究方向是仿生，即仿照动物的运动智能，如运动控制采用逼近反馈式，运动过程视变化随时灵活调整。

7. 多智能体群体协作

目前单智能体已经可以完成许多任务，但如何发挥每个智能体集合起来的威力，涉及群体协作的研究方向。在仓储场景下，存在许多抓取分类的机器人，如果能够有效调度，那么必将大大提高工作效率。当前主流的调度方式是中心化的控制方式，但面对成千上万规模的智能体，则需要非中心化的控制，允许智能体之间存在自主行为，在相互协作的同时，还能"做自己的事"。即单独的有智能、可独立行动的智能体，通过协作而达到的更高效的群体/系统智能和行为。

8. 技术平台开源化

开源的学习框架在人工智能领域的研发成绩有目共睹，对深度学习领域影响巨大。开源的深度学习框架使开发者可以直接使用已经研发成功的深度学习工具，减少二次开发，提高效率，促进业界紧密合作和交流。通过技术平台的开源化，可以扩大技术规模，整合技术和应用，有效布局人工智能全产业链。国内外产业巨头也纷纷意识到通过开源技术建立产业生态，是抢占产业制高点的重要手段。

2.5.2　未来的智能社会畅想

1. 畅想之一：万物互联互通

人工智能通过与新一代信息技术、大数据、云计算、物联网的融合发展，将会极大地提高这些领域的劳动生产率，促使这些领域飞速发展。

其中5G和物联网技术的爆发与普及，使万物互联互通。物与物的连接、人与物的连接、人与人的连接都会加强起来，身边布满了百万计、千万计的传感器，只要是带电的设备都可以带上传感器，海量数据变得更容易获得，更多地运用于帮助人工智能进行分析与决策。生活中，家里的电器都在不断更新换代，身边所有的电器设备都加入传感器，由主人进行远程控制，为快节奏生活带来极大便利。医疗上，生物芯片的研发，能让家人和医生第一时间发现发病患者的情况，自动调动无人驾驶汽车和急救机器人上门进行急救诊断，病人可在家里完成拍片、上传，医生可用远程诊断和远程控制机器人进行手术，既能大大弥补医疗资源的不足，又能争取急救黄金时间。

2. 畅想之二：自动化程度更高

智能时代，机器进一步替代人类的重复劳动，进一步促进工厂工人转型，工人从简单性、重复性劳动中脱离出来，转型从事复杂性、技术性更高的工作，使生产率大大提高，未来随着AI的不断深入发展，陆续可能有更多的工作被人工智能所取代，这是无法阻止的客观发展趋势。

自动化的系统还能获得自动学习能力，充分利用机器学习、计算机视觉、知识图片和推理等来模仿人类的行为，人工智能还将使自动化超越目前基于基本规则的工作，还能延伸到一些目前只有人类才能做决策的领域，创造更大范围的自动化领域。

3. 畅想之三：智能化的程度更高

我国互联网正处于从消费互联网转向工业互联网的发展进程之中，通过综合应用物联网、大数据和人工智能等新一代技术手段来赋能传统产业后，中国工业将会展现出一个全新的产业互联网。由于人工智能的大量运用，必然会在产业升级过程中释放出大量的就业岗位，与此同时，也将淘汰许多落后产能，使用现代化人工智能生产线后，将可以节省大量劳动力。

人工智能的发展关系到人类的未来，它的发展与信息技术、计算机技术、精密制造技术、互联网技术等各学科紧密相连。它的未来，有太多的可能，以上的畅想仅是目前人类对人工智能技术的展望与愿景，最终人工智能能够发展到什么程度，现在难以下定论，答案只能交给将来。

素养提升

同学们，未来的科技发展将迎来指数级增长，我们人类的发展正处于这个指数级增长期的转折点，作为站在这个转折点上的青年人，我们该担负起什么样的历史使命？

2.6 智能机器人的伦理讨论

2.6.1 “AI 犯错，谁之过？”引发的 AI 伦理思考

知识小贴士

AI 犯错事件

事件 1：2015 年，谷歌发布了一款图像识别的 AI，但很快遭到黑人用户的反对和抗议，原因就是这个 AI 将一些黑人的照片判别为“大猩猩”，这是一个非常严重的 AI 对黑人的歧视事件。一时间，媒体和大众对 AI 存在的种族歧视以及性别歧视等问题都表现出了担忧。

事件 2：2016 年，微软在 Twitter 推出一个叫 Tay(Te)的少女聊天机器人，提供与网友聊天的服务。第一天，她与网友打招呼时还说“人类超酷的”之类的比较中肯或讨喜的话；第二天，她就发表“恨死女权主义者，她们要下地狱”以及“希特勒是对的”等这样的极端言论。也就是说，不到 24 小时，Tay 就已经学会了说脏话，并能发表带有种族歧视和反动色彩的言论，成为网络上极端反人类的聊天者。为此，微软不得不匆忙将它关闭，并不停地删帖。

如何规范、合理地开发 AI 技术、使用 AI 产品，以及如何应对人机交互过程中可能出现的社会问题，已成为人工智能快速发展过程中的一个全球性社会议题。

那么 AI 犯错是谁之过？犯错主体是机器还是人？

需要先讨论一下，AI 为什么会出现这样的错误或极端行为呢？首先，AI 干坏事，本质

上还是人的问题。AI都是人创造的,AI没有自我意识,没有感情,没有像人那样复杂的动机。因此,AI从意识上没有对任何人、任何职业的歧视思想和倾向。AI所表达的一切,全都是基于人类给定的数据而生成的一种对人、对事的画像。比如,AI说脏话,就像一个鹦鹉,你教它说什么,它就依样画葫芦说什么。其次,AI干坏事是一个技术层面的问题。AI能说会听、能思考会决策,这都是基于人发明的算法模型、机器学习。比如,AI深度学习是建立在大数据基础上的,而数据的来源依靠人设定,而人本身在挑选数据、构建模型时,就不可避免地带有个人特质和意识。个人的偏见会导致AI的偏见。特别是那些创造算法和从事机器学习的专家,如果自己是一个男性主义至上的人,或者是一个白人主义至上的人,就会将性别歧视或种族歧视的意识和思维元素植入机器学习中。一个说话习惯带脏话的机器学习专家,就能教会AI骂人。

要解决AI干坏事的问题:第一,从技术上,要为AI创造更好的知识图谱。这样AI才能更深度、更全面、更精准地学习人类知识和经验,避免犯严重错误。第二,要教会AI正向的价值观。AI没有价值观,但人有。因此,创造AI的人必须自己要具有正向价值观、伦理道德和人文关怀,才能教出有正能量价值观的AI,人类也才会拥有公平、公正、具有人文关怀并与人类和谐相处的AI伙伴。

综上所述,AI的研发、供应、使用、管理都需要法律与伦理规范加以管理。

2.6.2 机器人三定律引发的AI伦理思考

人类很早就关注了机器人伦理问题,1942年,美国著名科幻作家艾萨克·阿西莫夫(Isaac Asimov)在短篇小说《转圈圈》(*Run Round*)中首次提出了"机器人三定律"(Three Laws of Robotics)。三定律看起来完美,但存在明显逻辑漏洞。例如,无人驾驶汽车在避开车祸时,如果车主和行人至少一方无法完全避开伤害,是先救车主还是行人?如果出了车祸,责任在于车主还是在于生产商?这些都是值得思考的现实问题。

知识小贴士

机器人三定律

美国著名科幻作家艾萨克·阿西莫夫在短篇小说《转圈圈》中首次提出了"机器人三定律"。

第一定律:机器人不得伤害人类个体,或者目睹人类个体将遭受危险而袖手旁观。

第二定律:机器人必须服从人给予它的命令,当该命令与第一定律冲突时例外。

第三定律:机器人在不违反第一、第二定律的情况下要尽可能地保护自己。

三定律在科幻小说中大放光彩,在一些其他作者科幻小说中的机器人也遵守这三条定律。同时,三定律也具有一定的现实意义,在三定律基础上建立的新兴学科"机械伦理学"旨在研究人类和机械之间的关系。虽然,三定律在现实机器人工业中没有应用,但很多人工智能和机器人领域的技术专家认同这个准则,随着技术的发展,三定律可能成为未来机器人的安全准则。

2.6.3 机器人伦理学的定义

机器人伦理问题涉及人工智能、计算机科学、认知科学、哲学、心理学、生物学、法学和社会学等学科,是机器人领域的研究热点。2004 年 1 月,第一届机器人伦理学国际研讨会在意大利圣雷莫召开,会上正式提出了"机器人伦理学"(robot ethics)。

机器人伦理学是关于人类设计、建造、使用和对待机器人的伦理问题的新兴学科。机器人伦理学以人类为中心,主要关注人类如何在设计和使用阶段与机器人进行联系和交互。

2.6.4 我国在人工智能发展伦理规范方面的做法

1. 人工智能伦理在我国的首次提出

2018 年 5 月,李彦宏在贵阳大数据博览会上首次提出 AI 伦理四原则。他说,AI 时代伴随技术的快速进步、产品的不断落地,人们切身感受到 AI 给生活带来的改变,从而也需要有新的规则、新的价值观、新的伦理——至少要在这方面进行讨论。不仅无人驾驶汽车要能够认识红绿灯,所有新的 AI 产品、技术都要有共同遵循的理念和规则。

1) AI 的最高原则是安全可控

如果一辆无人驾驶汽车被黑客攻击了,它有可能会变成一个杀人武器,这是绝对不允许的,我们一定要让它是安全的,是可控的。

2) AI 的创新愿景是促进人类更平等地获取技术和能力

如今,中国的 BAT,美国的 Facebook、Google、微软都拥有很强的 AI 能力,但是世界上不仅只有这几个大公司需要 AI 的能力、技术,世界上有几千万家公司、组织、机构也很需要 AI 的技术、能力。我们需要认真思考怎么能够在新的时代让所有的企业、所有的人能够平等地获取 AI 的技术和能力,防止在 AI 时代因为技术的不平等导致人们在生活、工作各个方面变得越来越不平等。

3) AI 存在的价值是教人学习,让人成长,而非超越人、替代人

AI 做出来的很多东西不应该仅是去简单地模仿人,也不是仅满足人的喜好。我们希望通过 AI 和个性化推荐教人学习,帮助每一个用户变成更好的人。

4) AI 的终极理想是为人类带来更多的自由和可能

很可能因为人工智能,劳动不再成为人们谋生的手段,而是变成个人自由意志下的一种需求。你想去创新,你想去做创造,所以你才去工作,这是 AI 的终极理想——为人类带来更多自由和可能。

2. 我国明确提出要制定促进人工智能发展的法律法规和伦理规范

2017 年 7 月,我国国务院印发《新一代人工智能发展规划》,在人工智能发展保障措施中明确提到,要制定促进人工智能发展的法律法规和伦理规范。具体包括:加强人工智能相关法律、伦理和社会问题研究,建立保障人工智能健康发展的法律法规和伦理道德框架。开展与人工智能应用相关的民事与刑事责任确认、隐私和产权保护、信息安全利用等法律问

题研究，建立追溯和问责制度，明确人工智能法律主体以及相关权利、义务和责任等。重点围绕自动驾驶、服务机器人等应用基础较好的细分领域，加快研究制定相关安全管理法规，为新技术的快速应用奠定法律基础。开展人工智能行为科学和伦理等问题研究，建立伦理道德多层次判断结构及人机协作的伦理框架。制定人工智能产品研发设计人员的道德规范和行为守则，加强对人工智能潜在危害与收益的评估，构建人工智能复杂场景下突发事件的解决方案。积极参与人工智能全球治理，加强机器人异化和安全监管等人工智能重大国际共性问题研究，深化在人工智能法律法规、国际规则等方面的国际合作，共同应对全球性挑战。

3. 我国发布《新一代人工智能伦理规范》

2021 年 9 月，我国发布了《新一代人工智能伦理规范》，从管理规范、研发规范、供应规范、使用规范四大方面规定了人工智能伦理规范，旨在深入贯彻《新一代人工智能发展规划》，细化落实《新一代人工智能治理原则》，增强全社会的人工智能伦理意识与行为自觉，积极引导负责任的人工智能研发与应用活动，促进人工智能健康发展。

素养提升

AI 技术是一把双刃剑，用得好可以提高社会生活质量，用得不好则会大大影响人们的社会生活。未来需要进一步加强 AI 技术的应用管理，必须要将之纳入法律和道德伦理的轨道上运行。

2.7 人工智能的话题讨论

2.7.1 AI 引发失业恐慌

话题：越来越多的工作岗位被人工智能替代而引发失业恐慌。我的工作会被机器人替代吗？

现象：在设计方面，阿里巴巴的 AI 设计师“鹿班”正式对外开放后，拥有一键生成、智能创作、智能排版、设计拓展四种智能设计能力。去年“双 11”，仅在天猫，“鹿班”就为 20 万商家设计了近 600 万张图片，我们打开天猫后看到的各种海报和活动商品图几乎都出自“鹿班”之手。“鹿班”每秒可以提供几十种方案，设计 8000 张海报，每一张海报的成本只需要十几块钱。

在专业方面，翻译是一项属于高级白领的工作。科大讯飞早在 2016 年就推出 AI 翻译机，现在已经能实现全球 51 种语言的实时翻译，还能识别各种方言、口音，包括英语、法语中的地方口音等，而且是“离线翻译”。

在文案方面，腾讯推出了写稿机器人 Dreamwriter，可以根据算法在第一时间生成稿件，每天的发稿量超过 2000 篇。我们日常看到的很多稿件，可能就是出自人工智能之手。

思考：类似以上的案例现在有不少，将来则会有更多。我们大部分人真的会因为 AI 而失业吗？

2.7.2 AI威胁论

话题：人工智能的进化是否会对人类构成危险？

现象：在科幻电影《黑客帝国》中，人工智能脱离人类控制，反过来控制人类，未来的人类与高度发达的人工智能发生了一场战争，遗憾的是人类落败了，人工智能将人类的身体泡在营养液中，而意识则连接到了一个虚拟的世界中。很明显，人类被人工智能消灭，这是一个人类无论如何都无法接受的未来，鉴于出现这种情况的可能性，一些科学家提出了"人工智能威胁论"，其中就有我们所熟知的特斯拉CEO埃隆·马斯克和已故物理学家斯蒂芬·霍金。

那么，当人工智能发展成熟、无处不在渗透我们的工作和生活时，世界会变成什么样？是人类将受到机器人威胁和统治的噩梦，还是社会更加进步、生活更加便利的喜悦？

思考：人工智能有一个重要的特性，那就是不知道劳累，与人类需要劳逸结合不同，人工智能可以无休无止地工作，所以其工作时间远远超越普通人类！随着人工智能的普及，势必会导致大量人员失业，从这个方面来讲，人工智能的确是人类的威胁。人工智能如果反抗人类，就必须要达到一个先决条件，那就是人工智能必须具备独立的意识！那么，当前的人工智能是否具备独立的意识呢？

建议同学们分为正反方两组，对以上话题进行思考、讨论与辨析。

知识小贴士

"加速回报定律"

"加速回报定律"是由未来学家雷·库兹韦尔(Ray Kurzweil，见图2-13)提出的，它指出，人类的发展和进步是呈指数级变化的，它不是直线的平稳增长，而是到一定时期成千倍、万倍、数亿倍的增长。在过去1万年，世界没有太大变化，大家都是远古人，都是打猎种地；知识出现后，人类开始加速发展，最近1000年的发展进步相当于过去数十万年积累的全部文明；人工智能爆发后，最近10年的科技进步，几乎超过过去100年；而十几年后，到2040年，根据测算，人类每个月的进步将会相当于过去100年的发展。

图2-13 雷·库兹韦尔

在"加速回报定律"之外，雷·库兹韦尔还提出了著名的"奇点"概念，"奇点"是指机器进化超过人类的那个瞬间。根据雷·库兹韦尔的预测，这一事件将在2045年发生。

根据"加速回报定律"，人类进步的速度和步伐都进入了指数级增长阶段，职业和技能更迭的速度越来越快，很多知识已经过时，很多岗位将被淘汰，要提前进行规划。

以能否拥抱、使用AI为分界线，人类将分化为新人类和泛人类，只有提升认知、持续学习，跟时代一起进步，才能避免沦为被时代边缘化的泛人类。

素养提升

虽然在智能时代，人工智能替代劳动的速度、广度和深度都是空前的，但是，一方面，科技应用面临着社会、法律、经济等诸多障碍，进步比较慢，劳动力替代技术很难在短时间内实现；另一方面，智能时代需要新技术，也会因为新技术创造新的就业机会，劳动者可以转变技能以适应新岗位、新需求。再进一步深入观察，其实在弱人工智能阶段，人工智能只能替代部分岗位工作任务，而一个岗位往往有多个工作任务，因此人工智能只是协助人的工作，帮助人更好更快地完成岗位工作。因此，要让人工智能成为人类的工具和机会，而不是假想敌。

对待人工智能，虽然应该谨慎应对但也无须过于担心！未来的世界将是人工智能和人类合作共赢的社会形态。我们要警惕过高估计当今人工智能的能力，助长一些不良新闻炒作热点。

2.8 习　　题

1. 以下被称为人工智能之父的是(　　)。

A. 图灵　　B. 明斯基　　C. 麦卡锡　　D. 香农
E. 冯·诺伊曼　　F. 西蒙

2. “阿尔法狗”的主要工作原理是________，它与“深蓝”等此前所有同类软件相比，最本质的不同是________。

3. 我国发布了《新一代人工智能伦理规范》，从________、________、________、________四大方面规定了人工智能伦理规范。

4. 人工智能的发展经历了哪几个过程？

5. 人工智能经历第一次、第二次低谷的原因是什么？

6. 2011 年后人工智能进入飞速发展期的原因是什么？

7. 图灵测试的目的是什么？

8. 设计一个图灵测试。

9. 人类的创造力和人工智能的逻辑推理能力，长期发展下去哪一方才是赢家呢？

10. 如何看待“如果机器真能像人类一样思考，那人类的智商对于机器而言连智障都算不上，终有一天人工智能会用高于人类千万倍的思考能力把人类消灭”这种说法？

模块 2

技　术　篇

第 3 章　人工智能技术概览

学习目标：

- 了解人工智能技术的三大主流学派；
- 了解人工智能技术的分类情况；
- 了解典型的人工智能技术框架与平台。

通过前面的章节，我们学习了人工智能的基本概念、发展脉络，了解了人工智能的典型应用场景。从本章开始，我们将学习具有代表性的人工智能技术，以深入了解人工智能如何解决生活与工作中的实际问题。

3.1　人工智能技术主流方法

人工智能技术主流方法

人工智能泛指通过计算机程序手段实现类人智能的技术。通常一个学科会有不同的流派，人工智能也有很多的学派，它们通过不同的理念、技术手段来实现类人智能。人工智能在其几十年的发展过程中，随着理论与实践的不断丰富，形成了基于不同理论视角与学科背景的研究纲领。其中，主流的三大学派是符号主义、连接主义和行为主义。它们分别主张：机器拟人心、机器拟人脑、机器拟人身。因此，它们又被称为心智派、结构派、行动派。三大流派贯穿了人工智能的各个发展阶段，对人工智能产生了深刻影响。

3.1.1　符号主义

在 21 世纪之前，受限于计算机硬件算力和软件算法的限制，许多当今十分火热的人工智能技术都还没有成为主流。当时比较流行的是以符号主义人工智能为核心的逻辑推理。符号主义认为：智能是一种基于符号的逻辑和计算活动，靠知识和规则做决策。

举一个生活中的案例：已知小明把一双手套放在书包里，并把书包放在了他父亲的汽车里，那么小明父亲汽车的所在位置就是小明手套的位置。如果小明父亲开着车去了上海，那么根据推理可知，小明的手套也在上海。

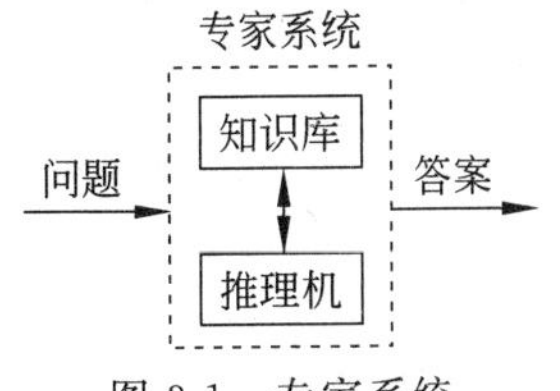

图 3-1　专家系统

推理学派的典型应用是专家系统，如图 3-1 所示。专家系统中存储了某个领域的大量知识信息，对用户提交的问题进行推理从而得到问题的解答。另外，国际商业机器公司（International

Business Machines Corporation,IBM)于1997年推出的“深蓝”以及2011年推出的“沃森”都是以推理为核心的人工智能技术的代表。“深蓝”打败了人类国际象棋冠军,让人类第一次意识到人工智能的强大。它主要通过博弈论算法,用人类顶尖专家提炼出来的逻辑和人类进行对决。而这样的对决其实就是在相同的战术方法下,比较谁的算力更强。因为算力更强的那一方,能计算与评估更远的步数收益,就能更容易获胜。而“沃森”首先从海量的概念符号中构建知识图谱,存储在数据库中,然后通过对输入的问题进行理解分析,在知识图谱中寻找潜在答案并合成,最后计算置信度并排序,得到最终输出。

总的来说,符号主义可以归纳为用规则教会AI某一件事情。它的缺陷在于:符号是抽象的,本身没有语义,机器本身不知道。而人脑中的符号是含有语义的,是经过感观及动作的结合自我习得的。

举例来说:对于飞车跨越峡谷,符号主义AI能够算出为了跨越而必须具备的速度,但是在它看来,飞车、飞狗、飞鹿是一样的,只是一个符号而已。而在人的大脑中,车、人、勇气等概念是通过长期感知所习得,并相互关联。把飞车与人的生命、胆识联系在一起,所以飞车跨越峡谷才有吸引力。

3.1.2 连接主义

连接主义学派又称仿生学派或生理学派,是一种基于神经网络和网络间的连接机制与学习算法的智能模拟方法。连接主义强调智能活动是由大量简单单元通过复杂连接后,并行运行的结果,它模拟了人脑的结构与生物智能的工作机理。人脑由数以亿计的神经元组成,神经元之间的连接构成了生物神经网络,而神经元的特殊结构使它们能够传递信息,从而形成生物智能。连接主义的基本思想是:既然生物智能是由神经网络产生的,那就通过人工方式构造神经网络,再训练人工神经网络产生智能。不同于符号主义的“从知识到知识”,连接主义属于“从数据到知识”。从数据中直接学习某一概念的模式,然后基于学习得到的模式对未知数据进行预测。

以人脸检测为例,如果是逻辑推理,那么根据知识库中的规则,人脸是具备“脸部轮廓+两只眼+一个鼻+一张嘴”的图像结构。如果眼睛被遮住一只,就难以推断。如果改为连接主义的典型方法——神经网络(见图3-2),则是从海量数据中学习人脸的内在特征,只要整体上的全貌特征还在,就可以识别。因此,连接主义是从大数据中学习规律。

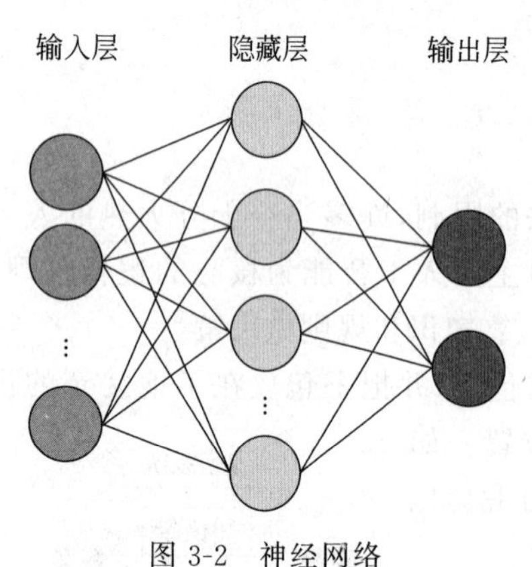

图3-2 神经网络

近年来,连接主义学派在人工智能领域取得了辉煌成绩,以至于现在业界所谈论的人工智能技术基本上是指连接主义学派的技术,相对而言,符号主义则被称作传统的人工智能技术。但连接主义也有失效的时候,而且可能造成严重的后果。比如,特斯拉自动驾驶故障导致车毁人亡;谷歌的图片识别系统将黑人识别为黑猩猩。

虽然以连接主义为基础的人工智能应用的规模在不断壮大,但其理论基础依旧是创立于 20 世纪 80 年代的神经网络。这主要是由于人类对于人脑的了解仍然有限。正因如此，目前也难以明确什么样的网络能够产生预期的智能水准，因此大量的探索最终失败。由此可见，仅依靠已有的经验仍不足以解决现实中的未知新问题。

3.1.3 行为主义

行为主义学派又称进化主义学派或控制论学派，是一种基于“感知—行动”的行为智能模拟方法，其思想来源是进化论和控制论，其原理为控制论以及“感知—行动”型控制系统。该学派认为：智能取决于感知和行为，取决于对外界复杂环境的适应，而不是表示和推理，不同的行为表现出不同的功能和不同的控制结构。生物智能是自然进化的产物，生物通过与环境及其他生物之间的相互作用，从而发展出越来越强的智能，人工智能也可以沿这个途径发展。

行为主义对传统人工智能技术进行了批评和否定，提出了无须知识表示和无须推理的智能行为观点。相比于智能是什么，行为主义对如何实现智能行为更感兴趣。在行为主义者眼中，只要机器具有和智能生物相同的表现，那它就是智能的。

这一学派著名的研究成果就是波士顿动力机器狗（见图 3-3），它能完成各种复杂的动作，甚至包括一些前后空翻等体操动作，它的稳定性、移动性、灵活性都极具亮点。其智慧并非仅来源于自上而下的大脑控制中枢，而是融合了自下而上的肢体与环境的互动。

图 3-3　波士顿动力机器狗

行为主义学派在诞生之初就具有很强的目的性，这也导致它的优劣势都很明显。其主要优势在于行为主义重视结果，或者说机器自身的表现，实用性很强。行为主义在攻克一个难点后就能迅速将其投入实际应用。例如，机器学会躲避障碍后，就可应用于星际无人探险车和扫地机器人等。不过也许正是因为过于重视表现形式，行为主义无法如同其他两个学派一样，在某个重要理论获得突破后，迎来爆发式增长。这或许是行为主义无法与连接主义抗衡的主要原因之一。

目前，强化学习成为提升深度学习的非常有效的方法。强化学习的灵感即来自于行为主义。强化学习的主要思想是让一个智能体（agent）不断地采取不同的行动（action），改变自己的状态（state），和环境（enviroment）进行交互，从而获得不同的奖励（reward），我们只需要设计出合适的奖励规则，智能体就能在不断的试错中习得合适的策略。

强化学习的过程与马戏团驯猴类似。驯兽师敲锣，训练猴站立敬礼，猴是我们的训练对象。如果猴完成了站立敬礼的动作，就会获得一定的食物奖励；如果没有完成或者完成得不对，就没有食物奖励。时间久了，每当驯兽师敲锣，猴子自然而然地就知道要站立敬礼，因为这个动作是当前环境下获得收益最大的动作。

纵观人工智能技术的三大主流方法，它们各有优势与不足。符号主义的优势在于与人类逻辑推理相似，可解释性强；不足之处在于难以构建完备的知识规则库。连接主义的优势在于直接从数据中学，无须深入地掌握领域知识；不足之处也恰恰在于此，过于依赖数据，可解释性不强，特别是深度学习。行为主义的优势在于智能取决于感知和行为，取决于对外界复杂环境的适应,重视结果,较为实用;不足之处在于侧重应用技术,理论基础薄弱。

三大主流方法的发展体现出了“数据→知识→能力”的发展路线,能力增强是最终目标。而三种学习方法的综合利用则更值得关注。比如,将连接主义的“大脑”安装在行为主义的“身体”上,使机器人不但能够对环境做出本能的反应,还能够思考和推理。再如,可以用符号主义的方法将人类的智能尽可能地赋予机器,再按连接主义的学习方法进行训练。这也许可以缩短获得更强机器智能的时间。

素养提升

人工智能三大学派的演进体现了人工智能领域的多样性和动态性。创新思维在其中起到了关键作用,通过将不同学派的优势相结合,我们得以探索更加全面和有效的人工智能解决方案。创新不仅在技术上发生,也包括对问题本质的重新思考和解决方法的不断改进。我们应从不同学派的视角出发,培养跨学科思维,激发创新灵感。通过理解人工智能的历史演进,我们在未来面对复杂问题时,应主动运用创新思维,寻找独特而有效的解决方案。

3.2 人工智能技术分类

前述的三大学派仅是对人工智能技术的一种粗略划分,当前人工智能技术众多,业界更多的是从技术方法或训练方式等不同角度对其进行分类,如图 3-4 所示。

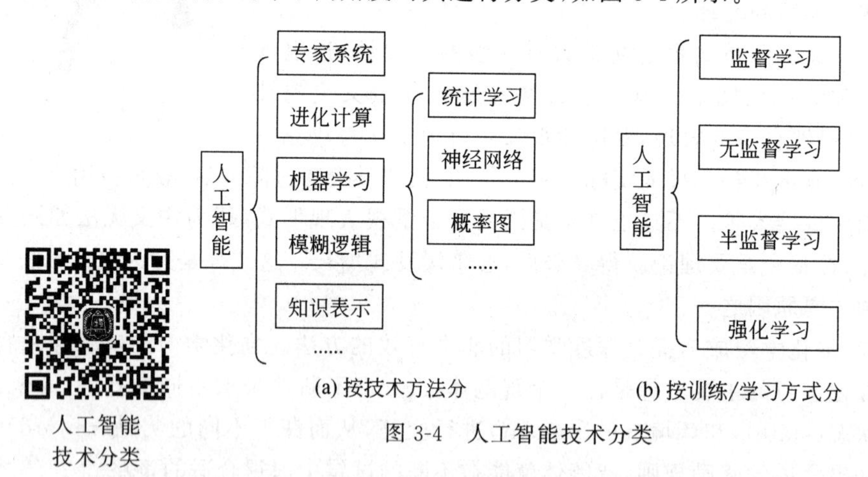

图 3-4 人工智能技术分类

从技术方法角度来划分,人工智能可以分为专家系统、进化计算、机器学习、模糊逻辑、知识表示等。尽管人工智能方法众多,但当前落地应用的人工智能主流技术主要是机器学习。机器学习又可以分为统计学习、神经网络、概率图等。特别是基于神经网络的深度学习,在当前工业界与学术界都相当火热。

从模型的训练学习方式角度来划分,人工智能可以分为监督学习、无监督学习、半监督学习、强化学习等。在监督学习中,模型的训练数据包括特征(feature)和标签(label),通过训练,模型可以发现特征和标签之间的联系。而无监督学习的训练数据只有特征而没有标签,比起监督学习,无监督学习更像是自学,让机器自己挖掘规律。半监督学习介于监督学习和无监督学习之间，它的训练数据同时包含有标签的数据和无标签的数据。强化学习是让一个智能体在环境中通过试错来学习行为策略。智能体通过与环境交互，根据奖励或惩罚信号来调整其行为策略，以达到最大化累积奖励的目标。

3.2.1　专家系统

专家系统是一种基于规则和知识库的计算机程序，旨在模仿人类专家解决问题的能力。特定领域的专家系统内部包含了该领域的专家知识与经验，从而可以模拟人类专家的推理、判断和决策过程，以解决特定领域的问题。

专家系统的关键要素包括知识库和推理引擎。其中，知识库是专家系统的核心，包含了领域专家的知识，以规则、事实或其他形式进行存储。这些知识用于问题解决和决策制定。推理引擎负责根据知识库中的规则和信息进行逻辑推理，以回答用户的问题或提供解决方案。

专家系统的典型案例如下。

（1）医疗诊断：20世纪70年代中期产生了一批卓有成效的医学专家系统。比如，斯坦福大学研发的MYCIN可以辅助血液感染病诊断；在中国，应用较广泛的有中医肝病诊断专家系统。

（2）工程和维护：专家系统可用于设备维护，通过监测传感器数据来预测设备故障，从而减少停机时间和维修成本。

（3）智能客服：在线虚拟助手和智能客服通常使用专家系统，帮助用户快速解决问题，提供产品支持和引导用户，从而提高客户满意度。

3.2.2　进化计算

进化计算的灵感来自生物进化理论，旨在提供复杂问题的优化和搜索方法。它通过模拟自然选择、遗传和突变等过程，不断改进候选解决方案，从而找到问题的最佳解决方案。常见的进化计算方法包括遗传算法、粒子群优化算法和模拟退火算法。其中，遗传算法模拟了生物遗传学中的遗传和进化过程。粒子群优化算法源于对鸟群捕食行为的研究，利用群体中的个体对信息的共享使整个群体的运动在问题求解空间中产生从无序到有序的演化过程，从而获得最优解。模拟退火算法来源于固体退火原理。

进化计算的典型案例如下。

（1）组合优化问题：进化计算方法广泛用于处理组合优化问题，如旅行商问题、背包问题和调度问题，它们能够找到近似最优解。

（2）能源系统和资源分配：进化计算方法可用于电力系统优化、能源市场分配和资源调度。它们有助于提高电力系统的效率，降低能源成本，并支持可再生能源集成。

（3）交通系统优化：进化计算方法可用于优化物流和交通系统，以改善路线规划、减少交通拥堵和降低运输成本。

3.2.3 模糊逻辑

模糊逻辑旨在处理不确定性和模糊性的信息。在经典二值逻辑中,通常以0表示"假",以1表示"真",一个命题非真即假。但在模糊逻辑中用隶属度表示二值间的过渡状态,一个命题不再非真即假,可以是"部分为真"。

模糊逻辑的典型案例如下。

(1) 自动控制系统:模糊逻辑广泛应用于温度控制、速度调节和汽车防抱死制动系统等自动控制领域。它可以处理输入参数的模糊性,根据模糊规则来调整输出,从而改进系统性能。

(2) 医疗诊断:需要考虑多种因素,如病人的年龄、性别、病史等,其中个别因素是模糊的。模糊逻辑可以处理不确定性和模糊的病症描述,帮助医生进行诊断和制订治疗计划。

(3) 决策支持系统:在企业决策支持系统中,模糊逻辑通过模糊综合评价、模糊决策、模糊预测等具体方法,处理复杂、模糊以及不确定的问题,从而帮助管理者制定策略和决策。

3.2.4 知识表示

知识表示是将关于人类世界的信息表示为符合机器处理的模式,用于模拟人对世界的认识和推理,以解决人工智能中的复杂任务。知识表示的具体实现技术,包括本体模型、关系数据库模型、图模型等。其中,本体模型定义了领域中的概念、实体和它们之间的关系。关系数据库模型采用表格结构,基于SQL(structured query language,结构化查询语言)进行差距查询和管理。图模型使用节点和边表示实体和它们之间的关系,在社交网络分析、推荐系统和知识图谱中应用广泛。

知识表示的典型案例如下。

(1) 图数据库:使用典型的图数据库(如Neo4j和Amazon Neptune)来存储社交网络中的用户和关系,以支持复杂的查询和推荐系统。这使社交网络分析和推荐更加精确和高效。

(2) 关系数据库:当前企业信息系统广泛使用关系数据库管理系统(relational database management system,RDBMS)来存储和管理数据,常见的关系数据库管理系统如MySQL、Oracle和SQL Server。

(3) 企业知识图谱:将组织内的知识和信息进行结构化展示,以促进知识管理、决策支持和信息共享,从而提高组织内部的协作和智能决策。

3.2.5 机器学习

机器学习(machine learning,ML)从广义上来说是指通过计算机程序从已有的观测数据中挖掘规律,并将该规律应用于未知的新数据,进行预判或预测。机器学习的具体实现技术有很多,根据模型训练与应用的流程差异,可以分为传统机器学习和深度学习。

传统机器学习的基本流程如图3-5所示,总体上包括以下几个步骤:数据预处理、特征提取、特征转换、模型预测。此类技术的典型代表为统计学习。

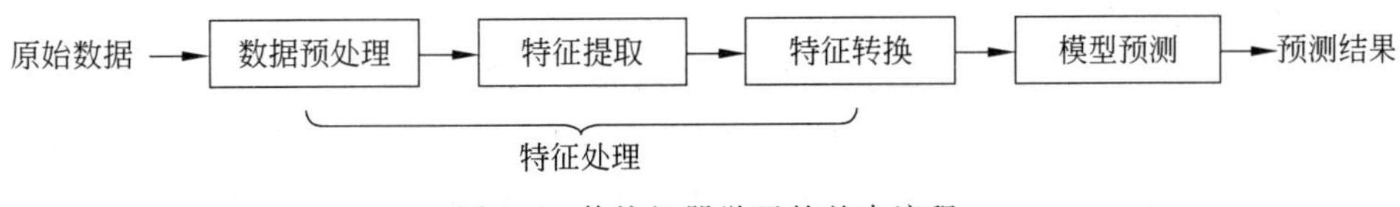

图 3-5　传统机器学习的基本流程

深度学习不再依靠人工经验来提取特征，而是从原始数据中自动学习到有效的特征表示，其基本流程如图 3-6 所示。目前，深度学习采用的模型主要是神经网络，因为神经网络模型可以借助误差反向传播算法较好地实现特征的自动学习。典型的神经网络包括前馈神经网络、卷积神经网络、循环神经网络等。

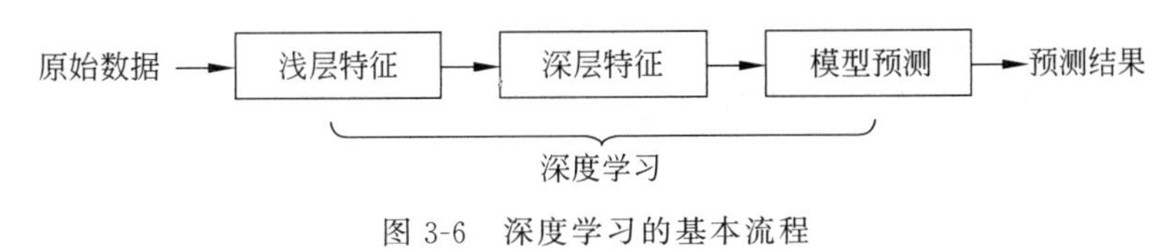

图 3-6　深度学习的基本流程

3.3　人工智能技术框架与平台

由于人工智能技术在实现过程中涉及大量数学运算，而且涉及 CPU 和 GPU 等不同计算资源间的切换，为了降低开发门槛和 IT 从业人员开发 AI 应用的难度并提高开发效率，同时推动学术研究的快速发展，许多人工智能技术框架与开发平台应运而生。

3.3.1　人工智能技术框架

人工智能技术框架在行业内被称为“AI 领域的操作系统”。当前全球流行的 AI 技术框架主要有 TensorFlow 和 PyTorch，这两个框架都是由国外知名公司研发并开源，目前占有大部分市场。我国近几年逐步重视 AI 基础设施的建设，力求破解基础技术的“卡脖子”问题。在 2017 年印发的国务院《新一代人工智能发展规划》等关于 AI 顶层规划的政策中都着重提及，除了加大应用层技术落地，更希望业界和学界深入 AI 底层技术研发。因此，涌现了不少国产人工智能技术框架，如百度飞桨(PaddlePaddle)、华为 MindSpore 等。下面具体介绍国内外的主流 AI 技术框架。

(1) TensorFlow：由谷歌人工智能团队谷歌大脑(Google Brain)开发和维护的一个深度学习框架，于 2015 年 11 月正式开源，支持多种语言接口，如 C++、Python、Java 和 JavaScript。TensorFlow 推出时间较早，形成了较为完善的生态。但在从 1.x 到 2.x 的版本升级过程中，较大地改动了接口使用方式，导致许多开发人员转投 PyTorch 框架。

(2) PyTorch：由原 Facebook 人工智能研究院(FAIR)在 2017 年 1 月推出的一个深度学习框架，其前身为基于 Lua 语言开发的 Torch。PyTorch 基于 Python 语言，接口函数简洁且运行高效快速，不仅能够实现强大的 GPU 加速，同时支持动态改变神经网络结构。近几年在学术界,PyTorch 已成为主流;而在工业界,也逐渐显露出相对 TensorFlow 的优势,成为许多新项目的选择。

(3) PaddlePaddle:由百度开发的集深度学习核心训练和推理框架、基础模型库、端到端开发套件、丰富的工具组件于一体的深度学习框架,于 2018 年 7 月开源。中国信息通信研究院最新报告显示,截至 2022 年 12 月,飞桨已经成为中国深度学习市场应用规模第一的深度学习框架和赋能平台,已汇聚 535 万名开发者,服务 20 万家企事业单位。

(4) MindSpore:由华为推出的新一代全场景 AI 计算框架,于 2020 年 3 月正式开源。MindSpore 不仅支持 CPU、GPU 等常规 AI 硬件设备,而且通过 MindSpore 自身的技术创新及 MindSpore 与华为昇腾 AI 处理器的协同优化,实现了运行态的高效,大大提高了计算性能。

(5) OneFlow:由北京一流科技有限公司开发的一款深度学习框架,独创了自动数据模型混合并行、静态调度、去中心化和全链路异步流式执行四大核心技术,大幅提升了分布式训练速度,降低了训练成本,拓宽了 AI 应用范围。

3.3.2 人工智能技术平台

前面介绍的 AI 技术框架需要开发者以代码工程的方式完成所有待开发的功能,对开发者能力要求高。为了提升 AI 技术的应用开发效率,让更多非 AI 专业的开发者也能根据自己的业务需求快速开发 AI 应用,主流的厂商除了提供 AI 技术框架,也提供了相对低门槛的开发平台,如百度 EasyDL、华为 ModelArts 等。

(1) 百度 EasyDL:基于飞桨开源框架,面向 AI 零算法基础或追求高效率开发的企业用户及开发者提供零门槛 AI 模型训练与服务平台,实现零算法基础定制高精度 AI 模型。EasyDL 提供了一站式的智能标注、模型训练、服务部署等全流程功能,内置丰富的预训练模型,支持公有云、设备端、私有服务器、软硬一体方案等灵活的部署方式。

(2) 华为 ModelArts:华为推出的面向开发者的一站式 AI 平台,为机器学习与深度学习提供海量数据预处理、交互式智能标注、大规模分布式训练、自动化模型生成等功能,以及“端—边—云”模型按需部署能力,帮助用户快速创建和部署模型,管理全周期 AI 工作流。

(3) 阿里云人工智能平台 PAI:面向开发者和企业的机器学习与深度学习工程平台,提供包含数据标注、模型构建、模型训练、模型部署、推理优化在内的 AI 开发全链路服务,内置 140 多种优化算法,具备丰富的行业场景插件,为用户提供低门槛、高性能的云原生 AI 工程化能力。

(4) 腾讯 TI-ONE 训练平台:为 AI 工程师打造的一站式机器学习平台,为用户提供从数据接入、模型训练、模型管理到模型服务的全流程开发支持。TI-ONE 支持多种训练方式和算法框架,满足不同 AI 应用场景的需求。

素养提升

2018 年,《科技日报》刊发了系列文章,梳理了制约中国工业发展的 35 项“卡脖子”技术,包括光刻机、芯片、操作系统、核心算法、数据库管理系统等。2019 年 5 月,美国商务部宣布将华为列入实体制裁清单,华为在芯片、操作系统、应用软件等所有领域都遭到了美国的全方位封锁，致使华为在海外业务上损失巨大。经过4年的自主研发，华为Mate 60系列手机横空出世，其处理器为国产7nm制造工艺的麒麟9000S。华为的努力不仅提升了自身的利益，更提升了中国科技产业的独立自主性和国际地位。

当前，人工智能技术的发展仍面临着众多挑战，其中不乏一些基础技术上的瓶颈，如算法效率、模型训练速度等。通过攻克"卡脖子"问题，我们不仅提升了技术水平，更建立了自主可控的技术生态，为国家信息安全和科技自主可控打下了坚实基础。

3.4 习　　题

1. 人工智能的主流学派有哪些？
2. 人工智能的主要技术可以划分为哪几大类？
3. 什么是机器学习？
4. 简述机器与人的交流存在哪些难点。
5. 目前较为流行的人工智能技术框架有哪些？
6. 世界上常用的人工智能技术平台有哪几个？请做一下介绍。

第4章 基于统计的机器学习

学习目标：

- 了解机器学习的基本概念；
- 了解机器学习的分类；
- 掌握回归与分类的基本原理与应用场景。

4.1 机器学习简介

当今，在人工智能范畴下，比较流行的技术有机器学习、深度学习等，人工智能与它们的关系如图4-1所示，机器学习是人工智能的一个重要分支，而当今非常火热的深度学习则是机器学习的一个子集。

机器学习简介

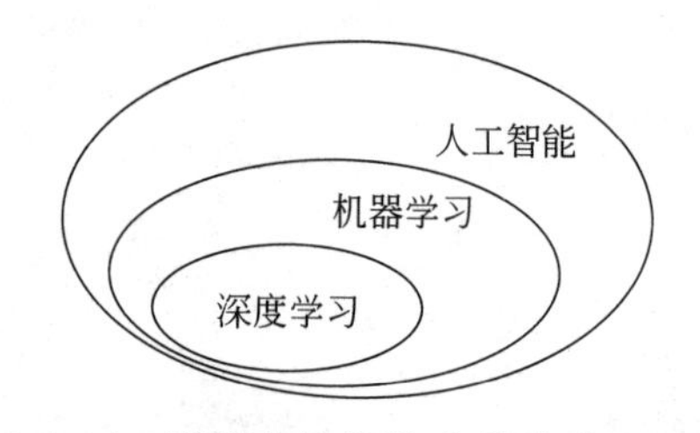

图4-1 人工智能与机器学习、深度学习的关系

机器学习就是让计算机从观测数据(样本)中寻找规律(模型)，并利用学习到的规律(模型)对未知数据进行预测。我们可以将机器学习的原理与人类学习的原理做一个类比，如图4-2所示。针对某一种特定的场景，人类从已有的事实或经验中归纳出通用的规律，当遇到类似的新问题时，就能使用规律进行预判并指导人类做出相应的行为。类似地，计算机从

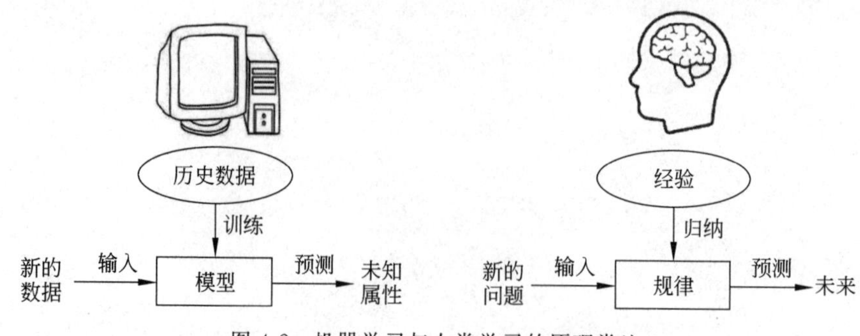

图4-2 机器学习与人类学习的原理类比

已有的历史数据出发，依靠机器学习算法进行训练从而得到模型，当有新的输入数据时，模型会输出与之对应的预测。

具体地，我们以 Kaggle 竞赛中经典的猫狗图像分类为例，简单介绍机器学习的原理。在如图 4-3 所示的猫狗数据集样例图片中，要将不同样子的猫、狗准确识别出来，对于人来说很简单，但对于计算机来说却比较困难。传统的计算机程序由顺序结构、分支结构、循环结构等组成，只能按照开发者编写的固定逻辑运行。我们很难将猫或狗的细节特征与整体概貌用 if-else 或 for、while 循环等程序结构描述出来。在现实生活中，很多问题都类似于猫狗图像分类问题，如人脸识别、语音识别等，我们难以设计一个传统的计算机程序来解决，即使可以通过一些启发式规则来尝试，其实现过程也是极其复杂的。因此，人们开始尝试采用另一种思路，即让计算机"看"大量的样本，并从中学习到一些经验，然后用这些经验来识别新的样本。要区分猫狗图像，首先由人工标注大量的猫狗图像，即为每张图像都打上标签，注明这张图片是猫或狗；然后让机器学习算法读取这些图像并进行训练，最终得到一个模型，并依靠它来识别新的猫狗图像。上述整个过程跟人类学习过程比较类似，人类幼儿在学习识物时，也是由老师或家长告诉他不同图片里分别是什么，看多了就自然能总结出不同物体的特征。

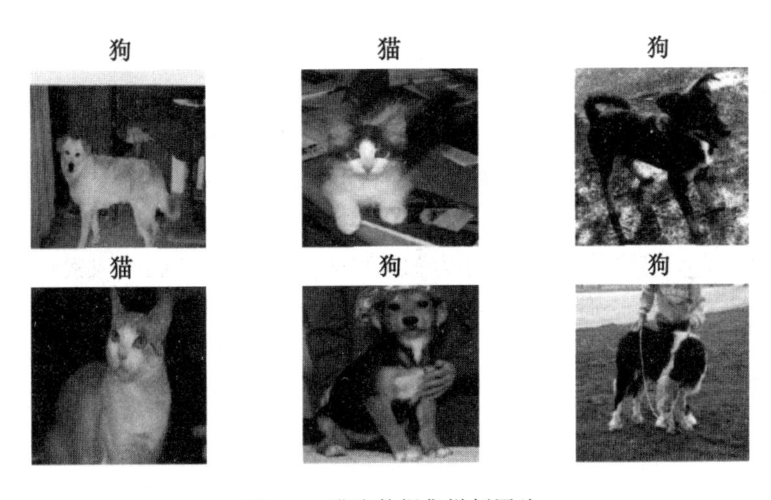

图 4-3　猫狗数据集样例图片

4.2　机器学习分类

机器学习分类

机器学习经过几十年的发展，出现了众多算法，这里从训练/学习方式的角度可以将其分为监督学习、无监督学习、半监督学习及强化学习。

4.2.1　监督学习

监督学习（supervised learning）是指从带标签的训练样本中建立一个模型，并依此模型推测新数据标签的算法。

用于监督学习的数据是带标签的,这些标签可以是样本所属的类别或样本的某个属性等。前面的猫狗图像分类案例就属于监督学习,每张图片都带有人工打上的标签,表示这张图片的内容是猫或狗。监督学习读取大量带标签的样本数据,执行训练,将预测结果与样本的标签(即期望结果)做对比,根据对比结果来修改模型中的参数,然后再次进行预测、对比、更新参数,重复多次直至收敛。

常见的监督学习有回归(regression)、分类(classification)两种任务。回归是将数据拟合到一条直线或曲线上,即为输入样本产生拟合曲线,因此其标签与预测结果是一个连续的实数。分类是将输入样本划分到不同类别中,因此其标签与预测结果是离散的。下面用两个典型的案例(见图 4-4),说明回归与分类的区别。

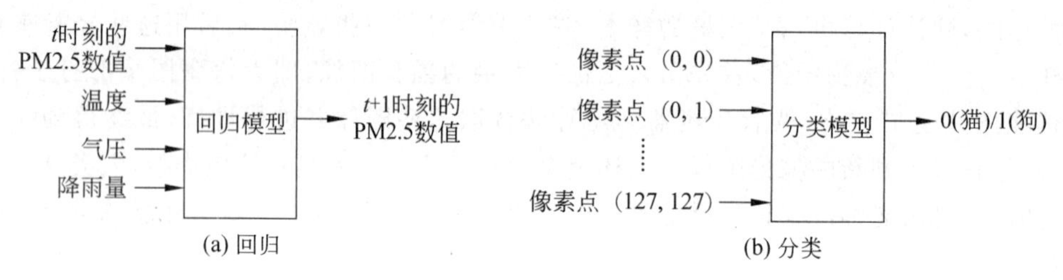

图 4-4　回归与分类的区别

如图 4-4(a)所示,以当前时刻的 PM2.5 数值、温度、气压、降雨量为模型输入,预测下一时刻的 PM2.5 数值。PM2.5 数值是一个连续的数值,理论取值范围为[0,+∞](按照标准,PM2.5 为 250 以上已经是严重污染,非常大的 PM2.5 一般不会出现)。这样的问题就属于回归问题。

如图 4-4(b)所示,将图片(假设尺寸为 128 像素×128 像素)各个像素点的数值输入模型,模型只能输出 0 或 1,分别表示该图片的内容是猫或狗。这样的问题就属于分类问题。

4.2.2　无监督学习

无监督学习(unsupervised learning)是机器学习的一种方法,和监督学习相对应。由前述内容可知,监督学习要求在训练中为每个样本提供预测量的真实值,即对训练样本进行标记,这往往需要投入大量人工成本,对于有些应用是难以实现的。比如,在医疗诊断中,如果要通过监督学习来获得诊断模型,就需要专业的医生对大量的病例数据或医疗影像资料进行精确标注,这需要耗费大量的人力,且效率低下。在这种情况下可以使用无监督学习,在不提供样本标签(预测量的真实值)的情况下进行学习。

在无监督学习中,所有样本数据没有标签,目标是通过对无标签的样本进行学习来挖掘内在的性质及规律。常见的无监督学习有聚类(clustering)和降维(dimension reduction)。

(1) 在聚类任务中,虽然样本数据没有标签,但是这些数据会呈现出聚群的结构,即相似类型的数据会聚集在一起。把这些没有标记的数据分成一个个组合,就是聚类。聚类算法可以应用于商品推荐、新闻分类、异常检测等。

(2) 降维是指在保证数据所具有的代表性特性或者分布的情况下,将高维数据转换为低维数据的过程。在许多案例中,样本往往具有许多属性特征,若对所有特征进行分析,则会增加模型训练的负担和存储空间。因此可以通过降维算法，从众多属性中提取主要特征，舍弃次要特征，从而提升模型效率。

4.2.3　半监督学习

半监督学习（semi-supervised learning）是一种介于监督学习和无监督学习之间的机器学习方式。无监督学习只利用未标记的样本集，仅能将相似样本聚到一起。而监督学习则只利用带标记的样本集进行学习，但在很多实际问题中，对数据进行标记的代价很高，因此往往只能拿到少量的带标记数据和大量的无标记数据。如果只用这少量的带标记数据进行训练，则训练结果准确性较低，而且浪费了大量无标记的数据资源。因此半监督学习就是以少量带标记的样本为指导，借助大量无标记样本改善训练效果，即在监督学习算法中加入无标记样本，来提高算法的效果。

半监督学习的研究历史可以追溯到 20 世纪 70 年代，这一时期出现了自训练（self-training）、直推学习（transductive learning）、生成式模型（generative model）等学习方法。到了 20 世纪 90 年代，由于新理论以及自然语言处理、文本分类和计算机视觉等领域中新应用的出现，促进了半监督学习的发展，出现了协同训练和转导支持向量机等新方法。

4.2.4　强化学习

强化学习（reinforcement learning，RL）也叫作再励学习、评价学习或增强学习，是机器学习的范式和方法论之一，用于描述和解决智能体在与环境的交互过程中通过学习策略以达成回报最大化或实现特定目标的问题。

强化学习是从动物学习、参数扰动自适应控制等理论发展而来，其基本原理是：如果智能体的某个行为策略导致环境反馈正向奖赏（强化信号），那么智能体以后产生这个行为策略的趋势便会加强。智能体的目标是在每个离散状态发现最优策略以使期望的奖赏之和最大。强化学习的原理模型如图 4-5 所示。以贪吃蛇游戏为例，假设让一个程序来控制贪吃蛇的行动，如何能获得越来越高的分数呢？由于贪吃蛇游戏的规则是靠吃“食物”来加分，所以，程序要在贪吃蛇当前位置的基础上决定是向左转还是向右转。在做出决定后，如果吃到了“食物”就奖励分数，否则不加分；如果碰到墙壁“死亡”了，就扣分。这样的过程可以理解为一种强化学习。

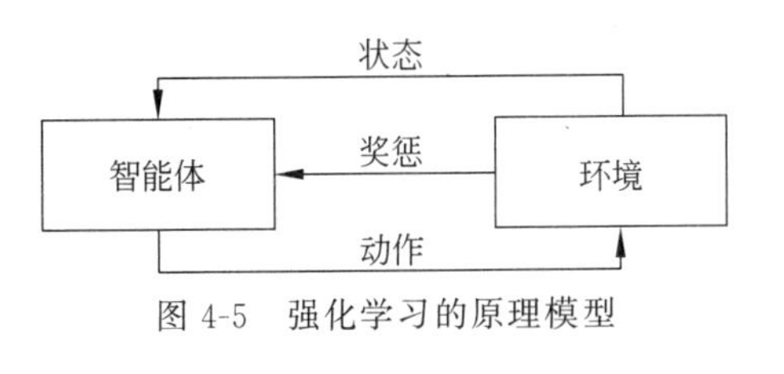

图 4-5　强化学习的原理模型

4.3　常用机器学习算法

经过几十年的研究，现今有许多机器学习算法，但在实践中经得起时间考验且适用性较广的算法较为有限。本节简单介绍几种常用的基于统计的机器学习算法。

1. 回归算法

回归是研究自变量和因变量之间关系的一种统计方法，基于历史数据研究各变量之间的数量变化规律，为预测提供依据。具体的回归算法有很多，如线性回归、逻辑回归等。回归在商业、工业等领域都有广泛的应用，如对机场客流量进行预测，从而帮助机场提升各类资源利用效率和服务质量；对机械设备进行故障预测，从而提早发现隐患，保障生产安全。

2. 聚类算法

聚类是一种无监督学习方法，从一堆没有标签的样本中挖掘内在规律，将相似的事物聚集在一起，使同一类别样本点之间的相似度尽量高，而不同类别样本点之间的相似度尽量小。典型的聚类算法有 K-means 等。典型的应用场景如客户分类，通过分析客户的行为和偏好，将客户分组，从而帮助营销团队定位目标客群，以便更好地满足其需求。

3. 基于树的学习算法

基于树的学习算法可以解决回归与分类问题，被认为是目前最常用的监督学习方法之一，在各种数据科学问题中得到了广泛应用。此类算法具体包括决策树(decision tree)、随机森林(random forest)、梯度提升决策树(gradient boosting decision tree)等。

4. 贝叶斯算法

贝叶斯算法是对部分未知的状态进行主观概率估计，并使用贝叶斯公式对发生概率进行修正，最终利用期望值和修正概率做出最优决策。常用的贝叶斯算法包括朴素贝叶斯(naive Bayes)、高斯朴素贝叶斯(Gaussian naive Bayes)、贝叶斯信念网络(Bayesian belief networks)等。

5. 支持向量机算法

支持向量机(support vector machine，SVM)是一种支持非线性分类的多元分类算法，可以很好地解决传统方法中遇到的非线性、小样本、高维数据等问题，被很多人认为是非常优秀的有监督机器的学习模型，甚至被称为“万能分类器”。在深度神经网络诞生之前，支持向量机不仅是学术界研究的热门，而且被广泛地应用于各种场景，如图像分类、文本分类、异常检测等。

回归

4.4 回　　归

回归是指确定两种或两种以上变量间定量关系的一种统计分析方法，包括线性回归和非线性回归。一元线性回归是回归乃至监督学习中最简单的形式，相当于编程入门学习时的 Hello World 案例。接下来，我们重点以“比萨价格和比萨直径的关系分析”为例，说明一元线性回归的模型结构以及计算过程，同时呈现监督学习中的关键思想。然后，简单介绍多元线性回归。

4.4.1　一元线性回归

1. 应用场景

假设某比萨店的比萨价格和比萨直径之间的数据关系如表 4-1 所示。我们能否推断(预测)出任意直径比萨可能的售价呢？例如,12 英寸的比萨可能售卖多少钱呢？

表 4-1　某比萨店的比萨价格和比萨直径之间的数据关系

样本	直径/英寸	价格/美元	样本	直径/英寸	价格/美元
1	6	7	4	14	17.5
2	8	9	5	18	18
3	10	13	—	—	—

2. 模型抽象

如果我们将比萨直径作为自变量 x,比萨价格作为因变量 y,那么本案例就相当于在已知一批样本点(x,y)的情况下,寻找 y 与 x 的函数关系。将本案例的样本数据在平面中画出来,如图 4-6 所示。通过直观分析可知,在已有的数据范围内,y 与 x 之间的关系可以用如式(4-1)所示的线性方程近似地表示。

$$y=bx+a \tag{4-1}$$

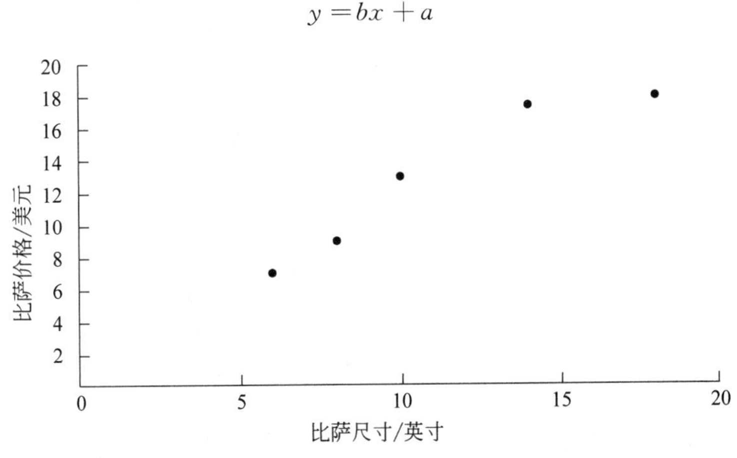

图 4-6　比萨价格与比萨尺寸的样本数据

3. 算法描述

在式(4-1)中,b 与 a 是未知数,需要通过已有的样本点(x,y)进行求解。很显然,无法找到一条直线穿过所有样本点,只能尽可能地贴合整体趋势,使每个样本点到直线的垂直方向距离之和最小,如图 4-7 所示,而这正是最小二乘法的直观思路。

最小二乘法的具体定义为：假设有 n 个点(x_1,y_1),(x_2,y_2),…,(x_n,y_n),则可以用表达式$[y_1-(a+bx_1)]^2+[y_2-(a+bx_2)]^2+\cdots+[y_n-(a+bx_n)]^2$来描述这些点与直线

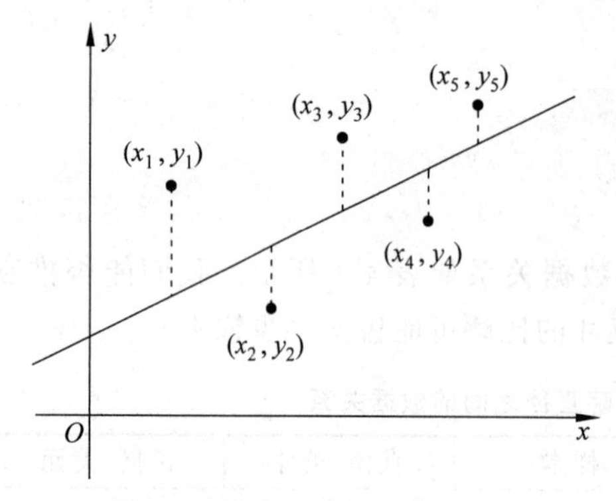

图 4-7 最小二乘法的直观思路

$y=bx+a$ 的接近程度。使该表达式达到最小值的直线就是我们要找的直线。最小二乘法最终的求解公式如下：

$$\hat{b}=\frac{\sum_{i=1}^{n} x_i y_i - n\bar{x}\bar{y}}{\sum_{i=1}^{n} x_i^2 - n\bar{x}^2}$$

$$\hat{a}=\bar{y}-b\bar{x} \tag{4-2}$$

式中，n 代表样本点总数；x_i、y_i 分别代表第 i 个样本点；$\bar{x}$、$\bar{y}$ 分别代表 x 的均值和 y 的均值；$\hat{b}$、$\hat{a}$ 即求解得到的 b 和 a 的估计值。

4. 结果呈现

我们使用 Excel 或 WPS 表格中的趋势线功能，快速实现一元线性回归。将上述数据样本数据复制到表格中，为这些样本创建散点图，然后在任意一个数据上右击，选择“添加趋势线”命令，如图 4-8 所示，默认添加的就是线性回归的结果。

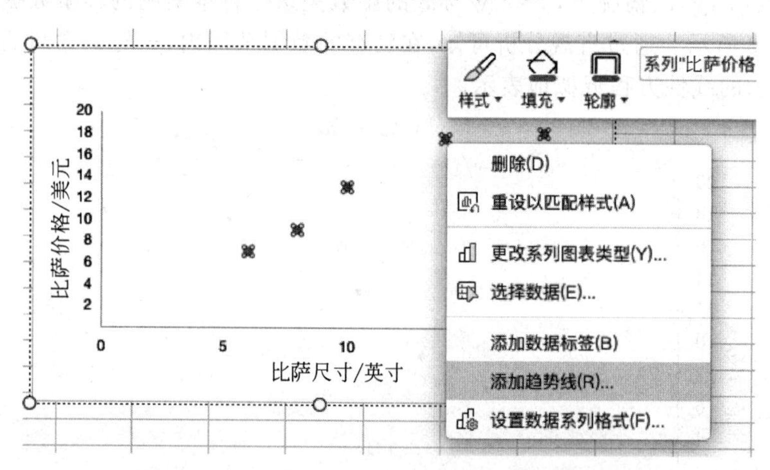

图 4-8 Excel 或 WPS 表格中为散点图添加趋势线

然后在拟合出来的直线上右击，进行设置，将直线的公式显示出来，如图 4-9 所示。

4.4.2 多元线性回归

在回归分析中，如果有两个或两个以上的自变量，则称为多元回归。自然界以及人类社会中的许多事物往往受到多个因素的影响，因此需要多个自变量的最优组合来共同预测，这样比只用一个自变量进行预测更有效，也更符合实际。因此多元线性回归比一元线性回归的实际意义更大。

将一元线性模型进行推广从而得到多元线性回归模型：

$$y=\omega_1 x_1+\omega_2 x_2+\cdots+\omega x_n+b \tag{4-3}$$

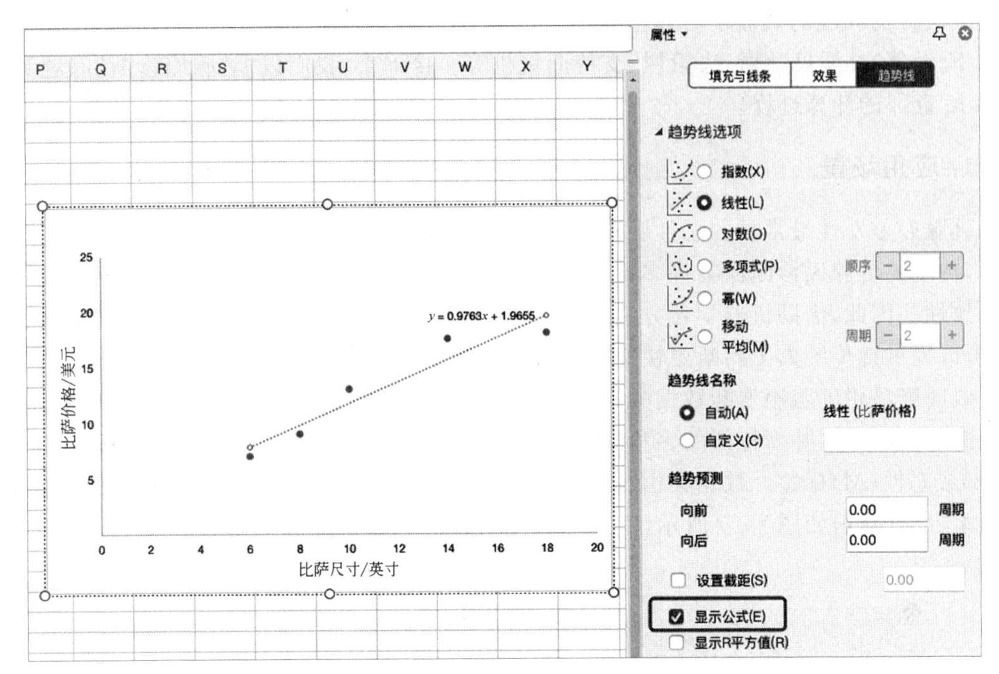

图 4-9　Excel 或 WPS 表格中展示趋势线的公式

其中，共有 n 个自变量（特征）x_i，1 个因变量 y。不同特征的输入值和对应的权重 ω_i 相乘并求和，加上偏置项 b，得到 y。

多元线性回归也可以通过最小二乘法进行模型求解，由于相关原理已在前面进行阐述，此处不再赘述。

总的来说，一元线性回归和多元线性回归都属于线性回归，根据式(4-1)和式(4-3)可知，它们的模型中都没有出现二次、三次等高阶项。而现实世界中遇到的绝大多数数据集是非线性的关系，用线性方程难以较好地拟合数据。

素养提升

回归预测可以应用到解决许多社会经济问题、公共政策制定等领域。比如，通过收集销售数据并运用回归预测模型，预测未来某产品的销售趋势，从而辅助供应链管理和业务决策。预测城市不同区域的交通流量，从而有助于更有效地规划城市交通系统。人工智能的发展不仅改变了人类的生活方式，而且深刻地影响了许多行业的发展模式，并推动了行业发展。

4.5　分　　类

分类和回归的区别在于输出变量的类型，回归的输出变量是连续的实数，而分类的输出变量是离散的数值。在分类任务中，最基本的是二分类任务，即输出变量只有两种取值。比如，要根据电子邮件的一系列特征来判断是否为垃圾邮件，则该任务的输出变量为“是”和“否”两种取值。当然，在现实生活中更常见的是多分类任务。比如在 MNIST 手写数字识别案例中，要自动识别图片中的阿拉伯数字，则该任务的输出变量为 0～9 这 10 种取值。

解决分类问题的机器学习算法有很多,如针对二分类任务的逻辑回归,适用于多分类任务的 K 近邻、朴素贝叶斯、决策树、支持向量机等。接下来,我们以"乳腺癌诊断"问题为例,说明 K 近邻的计算过程。

1. 应用场景

乳腺癌是女性最常见的恶性肿瘤之一,及早准确地进行诊断对于治疗和预后至关重要。然而,传统的乳腺癌诊断面临许多挑战,如主观性和人力资源的限制导致结果的不确定性和不一致性。因此,借助机器学习方法,通过分析大规模的乳腺癌数据集,从中发现潜在的规律,可以提供比传统人工判断更快速和可靠的诊断结果。

威斯康星州乳腺癌诊断数据集是一个用于分类任务的经典数据集。该数据集包含了从乳腺癌患者收集的肿瘤特征的多角度测量值,如肿瘤的半径、纹理、对称性等,以及相应的良性(B)或恶性(M)标签。数据集由 569 个样本组成,其中包括 357 个良性样本和 212 个恶性样本,部分数据如图 4-10 所示,其标签为 diagnosis 列,特征为从 radius_mean 列开始的 30 列。

◢	A	B	C	D	E	F	G
1	id	diagnosis	radius_mean	texture_mean	perimeter_mean	area_mean	smoothness_mean
2	842302	M	17.99	10.38	122.8	1001	0.1184
3	842517	M	20.57	17.77	132.9	1326	0.08474
4	84300903	M	19.69	21.25	130	1203	0.1096
5	84348301	M	11.42	20.38	77.58	386.1	0.1425
6	84358402	M	20.29	14.34	135.1	1297	0.1003
7	843786	M	12.45	15.7	82.57	477.1	0.1278
8	844359	M	18.25	19.98	119.6	1040	0.09463
9	84458202	M	13.71	20.83	90.2	577.9	0.1189
10	844981	M	13	21.82	87.5	519.8	0.1273
11	84501001	M	12.46	24.04	83.97	475.9	0.1186

图 4-10 威斯康星州乳腺癌诊断数据集(部分数据)

2. 模型抽象

K 近邻(K-nearest neighbor,KNN)算法是分类技术中最简单的算法之一,其核心思想是:在特征空间中,如果一个样本的 K 个最相邻样本的大多数属于某一个类别,则该样本也属于这个类别,并具有这个类别上样本的特性。通俗地说,就是"近朱者赤,近墨者黑",即由邻居来推断出自己的类别。

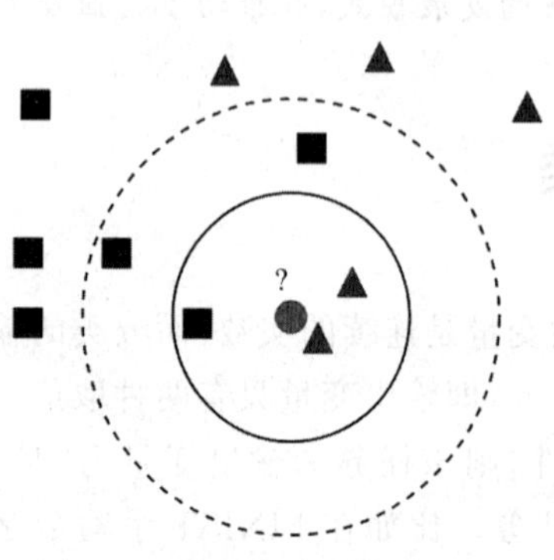

图 4-11 K 近邻分类算法示意

为了判断未知样本的类别,K 近邻算法以所有已知类别的样本作为参照,计算未知样本与所有已知样本的距离,从中选取与未知样本距离最近的 K 个已知样本,根据少数服从多数的投票法则,将未知样本与 K 个最邻近样本中所属类别占比最多的归为一类。

如图 4-11 所示,如何判断圆形属于三角形还是属于正方形呢?如果 $K=3$,由于三角形所占比例为 2/3,圆形将被判定为与三角形属于同一类;如果 $K=5$,由于正方形比例为 3/5,因此圆形将被判定为与正方形属于同一类。

在威斯康星州乳腺癌诊断数据集中,对于一个未知样本来说,相当于在一个 30 维的高维空间中,根据其最近的 K 个已知样本所属的类别,进行决策。

3. 算法描述

K 近邻算法的关键要点如下。

1) 特征数值化

如果样本特征中存在非数值的类型,必须采取手段将其量化为数值。例如,样本特征中包含颜色,可通过将“黑色”“白色”等颜色种类转换为灰度值来实现数值化。对于威斯康星州乳腺癌诊断数据集来说,所有特征都已经是数值了,所以无须进行额外处理。

2) 特征归一化

通常样本有多维特征,每一维特征都有自己的定义域和取值范围,它们对距离计算的影响不一样,如取值较大的影响力会盖过取值较小的参数。所以,样本特征必须进行缩放处理,最简单的方式就是对所有特征都进行归一化,公式如下:

$$x' = \frac{x - \min}{\max - \min} \tag{4-4}$$

式中,x 表示乳腺癌诊断数据集某一列的某个数据;min 是该数据所在列的最小值;max 是该数据所在列的最大值;x' 表示归一化后的结果。

3) 计算两个样本之间的距离

通常使用的距离函数有欧氏距离、余弦距离、汉明距离、曼哈顿距离等。由于本案例的各维特征都是连续变量,所以可以使用欧氏距离度量两个样本之间的距离,公式如下:

$$d = \sqrt{\sum_{i=1}^{N} (x_i - z_i)^2} \tag{4-5}$$

式中,x_i 和 z_i 分别表示两个样本的第 i 个维度;N 表示维度总数。

4. 结果呈现

我们使用微思 Sheet 的“KNN 分类”插件对本案例的数据进行分析。

根据前述的 K 近邻算法原理可知,K 值的选择对模型的准确率至关重要。K 值选得太大容易引起欠拟合,太小容易导致过拟合。因此,首先通过插件提供的“判断 K 值”功能进行搜索,找出分类准确率最高的 K 值,如图 4-12 所示。

从结果可知,当 $K=14$ 时,准确率最高。我们使用 $K=14$ 进行后续的分类结果评价,如图 4-13 所示。从中可知,良性(B)的分类准确率为 93.28%,恶性(M)的分类准确率为 94.92%,整体分类准确率为 93.85%。

素养提升

“物以类聚,人以群分”出自《战国策・齐策三》,用于比喻同类的东西常聚在一起,志同道合的人相聚成群。在实际工作中,经常遇到各种聚类问题。比如,在经济学中,根据公司的经营状况把公司分成若干类;根据回头率、信誉率、经济实力等,将公司的客户分为若干类。针对此类问题,可以运用机器学习的分类方法进行高效解决,避免人为经验判断的主观性、不准确性。

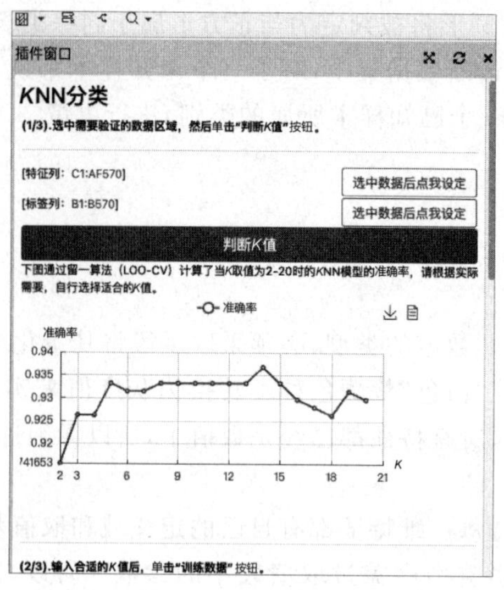

图 4-12　威斯康星州乳腺癌诊断数据集的K近邻K值搜索

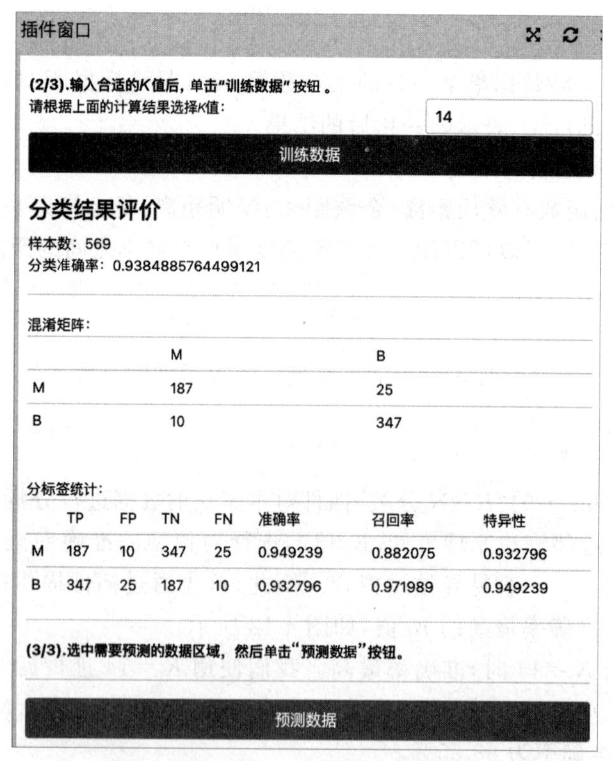

图 4-13　威斯康星州乳腺癌诊断数据集的K近邻分类结果评价

4.6　习　　题

1. 人们经常提到的人工智能、机器学习和深度学习的关系是什么？人工智能领域常说的三大核心因素是什么？请举例说明。

2. 常用的机器学习方法有哪些？

3. 回归与分类的区别是什么？有哪些典型的回归方法、分类方法？

4. 假设你是银行的数据分析员，多年来银行经常出现客户的信用卡被盗刷的现象，给客户造成损失。为了减少这种情况，总经理要求你研发一套信用卡防盗刷预警系统。该系统应具有以下功能：每笔交易发生之前，要基于信用卡户主的多维度信息、交易的发生时间和金额等特征，预判是否被盗刷。请问：

（1）该问题属于分类问题还是回归问题？

（2）可以使用什么 AI 模型？

（3）使用 AI 模型解决此问题时大致分为哪些步骤？

第5章　神经网络与深度学习

学习目标：

- 了解神经网络的发展历史；
- 掌握神经网络的基本原理与应用场景；
- 了解深度学习的发展历史；
- 了解深度学习的分类；
- 掌握卷积神经网络的基本原理与应用场景；
- 掌握循环神经网络的基本原理与应用场景。

人工智能的发展经历了多次起落，最近一次兴起是从2012年深度学习的崛起开始，到2016年AlphaGo横空出世，借助深度学习技术以4∶1击败韩国顶级棋手李世石，重新点燃了全世界对人工智能的热情。深度学习是当今人工智能领域非常热门的技术，在人工智能领域内占据统治地位，第1章所介绍的真实案例大多是基于深度学习技术的。

本章首先介绍神经网络，然后过渡到深度学习，介绍深度学习的两种典型结构：卷积神经网络和循环神经网络。

神经网络

5.1　神经网络

5.1.1　神经网络简介

神经网络(neural network，NN)也叫作人工神经网络(artificial neural network，ANN)，是受生物学和神经科学启发而创造的模型，科学家通过模仿生物体的神经元结构设计了人工神经元，模仿生物体的神经元连接网络设计了人工神经网络。总的来说，神经网络是对人脑学习能力的抽象和简化，可以利用神经网络从样本数据中学习规律，并将学习到的信息存储在神经元中。

神经网络的发展历史大概经历了以下几个阶段。

1. 第一次浪潮

1943年，科学家沃伦·麦卡洛克(Warren McCulloch)和沃尔特·皮茨(Walter Pitts)提出了将神经网络作为一个计算模型的理论。1957年，康奈尔大学教授弗兰克·罗森布(Frank Rosenblatt)提出了感知机(perceptron)模型。感知机是第一个用算法来精确定义的神经网络和第一个具有自组织自学习能力的数学模型，是后来许多新的神经网络模型的始祖。感知机技术在 20 世纪 60 年代带来了人工智能的第一个高潮。

但在 1969 年,马文・李・明斯基和西蒙・派珀特(Seymour Papert)批判了感知机模型:单层的感知机无法解决线性不可分问题,典型的例子就是异或门。另外,当时的计算能力低下,无法支持多层感知机所需的计算量。此后的十几年,以神经网络为基础的人工智能研究进入了低潮。

2. 第二次浪潮

1986 年,杰弗里・辛顿和大卫・鲁姆哈特(David Rumelhart)等人提出了多层感知机的权重训练算法——反向传播(back propagation,BP)算法,把原先复杂的运算量下降到只和神经元数目成正比。同时,通过在神经网络里增加隐藏层,解决了之前无法解决的异或门难题。自此,神经网络研究迎来了第二次浪潮。

但随后在 1991 年,德国学者塞普・霍克利特(Sepp Hochreiter)发现了反向传播算法的本质难题——梯度消失。简单地说,就是神经网络训练过程中的损失值从输出层向输入层反向传播时,每经过一层,梯度衰减速度极快,学习速度变得极慢,使整个网络很容易停滞于局部最优解而无法达到全局最优。同时,算法训练时间过长会出现过拟合,把噪声当成有效信号。

在同一时代,机器学习领域中的另一种算法——支持向量机由于理论完备、原理简单,受到学术界与工业界的追捧。SVM 技术在图像和语音识别方面的成功应用导致神经网络的研究重新陷入低潮。

3. 第三次浪潮

2006 年,杰弗里・辛顿和其他研究者提出了受限玻尔兹曼机(restricted Boltzmann machine,RBM)。经过 RBM 预先训练后的神经网络,再通过反向传播算法微调,效果得到大幅度提升。2012 年,为了解决过拟合问题,杰弗里・辛顿提出了"丢弃"(dropout)算法。该算法是在每次训练中屏蔽一定比例(如 50%)的神经元,不让这些神经元参与训练,这样使神经网络中不同的神经元子集都能受到学习训练,使网络更强健,避免了过拟合,不会因为外在输入的少量噪声导致输出质量差异。

除了算法研究上的突破,计算机硬件的升级也加速了神经网络的再次崛起。2009 年,贾特・雷娜(Rajat Raina)和吴恩达合作探索了用 GPU 进行大规模无监督深度学习,该模型参数达到 1 亿个。与之相比,杰弗里・辛顿在 2006 年的研究里用到的参数数目只有 170 万个。使用 GPU 的运行速度和用传统双核 CPU 相比,最快能提升近 70 倍。对于一个具有四层架构、1 亿个参数的深度神经网络,使用 GPU 可以把程序运行时间从几周降到一天。

此外,神经网络以及深度学习能够在近十年迅速发展,得益于如今大数据时代带来的海量数据及其标签。比如,在计算机视觉领域,典型的公开数据集有 ILSVRC 竞赛的 ImageNet 数据集、用于检测和分割的 PASCAL VOC 和 COCO 数据集。在自然语言处理领域,典型的公开数据集有 Quora Question Incincerity 数据集、斯坦福问答数据集(SQuAD)等。

因此,"算法+硬件+数据"的全方面研究突破,使以深度学习为代表的神经网络技术进入了一个崭新的发展阶段。

素养提升

任何学科理论的发展历程通常都是蜿蜒曲折的。神经网络从诞生至今,也曾经陷入过低潮,但正是诸如杰弗里·辛顿等研究者的持续坚守,最终才等到"拨开云雾见天日,守得云开见月明"的蓬勃发展时刻。

人工智能已从第一代的计算智能、第二代的感知智能,迈向第三代的认知智能。习近平总书记强调,人工智能是新一轮科技革命和产业变革的重要驱动力量,加快发展新一代人工智能是事关我国能否抓住新一轮科技革命和产业变革机遇的战略问题。人工智能的发展仍面临着许多技术挑战,在各行各业的落地应用仍有很长的路要走。同学们不能置身其外,而是要主动融入我国人工智能发展事业,为推动人工智能赋能产业转型升级作出应有的贡献。

5.1.2 神经元结构

生物体的神经元包含树突、轴突等,其结构如图 5-1 所示。其中,树突用来接收上游神经元传入的信息,轴突末梢连接下游其他神经元的树突,从而传递信号。并不是所有刺激都会被传导,只有当神经元接受的刺激高于其阈值时,神经元才会进入兴奋状态并将神经冲动由轴突传递出去。

受生物体神经元结构启发,心理学家麦卡洛克和数学家皮茨于 1943 年提出了一种简单的人工神经元结构,如图 5-2 所示。

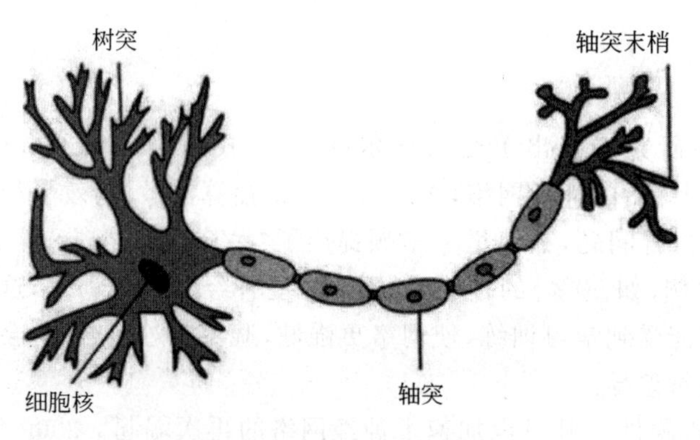

图 5-1 生物体神经元结构

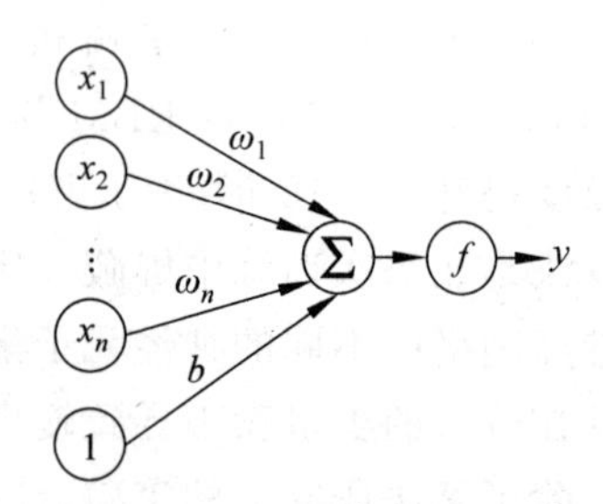

图 5-2 人工神经元结构

假设神经元接收 n 个输入 $x_1, x_2, \cdots, x_n$,这些输入与各自的权重 $\omega_1, \omega_2, \cdots, \omega_n$ 相乘之后累加,然后经过一个称为激活函数(activation function)的非线性函数,得到输出。整体计算过程如下:

$$y = \sigma(\omega_1 x_1 + \omega_2 x_2 + \cdots + \omega_n x_n + b) = \sigma\left(\sum_{i=1}^{n} \omega_i x_i + b\right) \tag{5-1}$$

将这一结构与生物体的神经元结构对比,我们可以发现,输入 x_i 相当于上游神经元传入的信息;权重 ω_i 体现了当前神经元对不同上游神经元的感受能力;输入加权和 $\sum_{i=1}^{n} \omega_i x_i$ 体现了当前神经元汇总上游传入的信息;偏置 b 用于控制神经元被激活的容易程度;激活函

数 $\sigma(\cdot)$ 相当于将汇总后的信息与阈值比较,从而决定是否向后传递信息。

激活函数在人工神经元中具有重要作用。仔细研究式(5-1)可以发现,如果没有激活函数,那么人工神经元就退化为多元线性回归模型了,每一层的输出都是上一层输入的线性函数,这样无论网络有多少层,整个网络的输出都是输入的线性组合。因此激活函数必须采用非线性函数,以增强网络的表示能力和学习能力,常用的激活函数有以下几种。

1. Sigmoid 函数

Sigmoid 函数是一个在生物学中常见的 S 形函数,其图形如图 5-3(a)所示。在信息科学中,由于其单调递增以及反函数也单调递增等性质,Sigmoid 函数常被用作神经网络的阈值函数,将变量映射到 0～1 内。Sigmoid 函数的计算公式如下:

$$\sigma(x)=\frac{1}{1+\mathrm{e}^{-x}} \tag{5-2}$$

2. Tanh 函数

Tanh 函数为双曲正切函数,其图形如图 5-3(b)所示,与 Sigmoid 函数的形状较为相似,但函数的输出范围不同。Tanh 函数的计算公式如下:

$$\sigma(x)=\frac{\mathrm{e}^{x}-\mathrm{e}^{-x}}{\mathrm{e}^{x}+\mathrm{e}^{-x}} \tag{5-3}$$

3. ReLU 函数

ReLU(rectified linear unit,修正线性单元)函数的图形如图 5-3(c)所示。采用 ReLU 作为激活函数的人工神经元只需要进行乘、加和比较操作,比 Sigmoid 的计算更加高效,而且一定程度上缓解了神经网络的梯度消失问题,有助于整体网络的快速收敛。因此,ReLU 是目前深度神经网络中经常使用的激活函数。ReLU 函数的计算公式如下:

$$\sigma(x)=\begin{cases}x, & x\geqslant 0\\ 0, & x<0\end{cases} \tag{5-4}$$

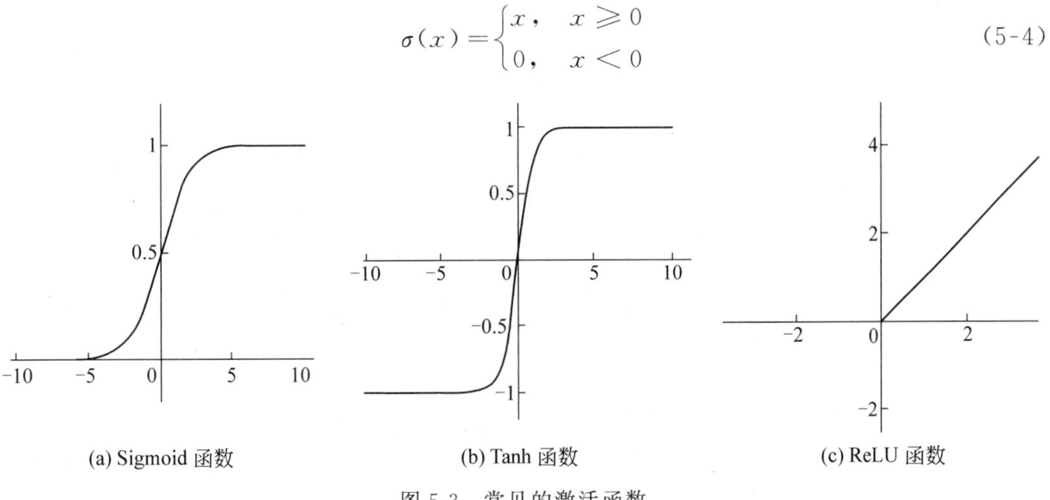

图 5-3　常见的激活函数

5.1.3 前馈神经网络

一个神经元的学习、表征能力有限,为了模拟人的思考能力,单独的神经元是不够的,需要众多神经元一起参与,才有可能解决现实中的复杂问题。将许多神经元通过一定的拓扑结构连接起来,就形成了神经网络。神经网络有不同的网络拓扑结构,当前应用比较广泛且易于实现的就是前馈神经网络(feedforward neural network,FNN),也叫作多层感知机(multi-layer perceptron)。

前馈神经网络采取分层的形式,将众多神经元组织起来,其结构如图 5-4 所示。最左边的称为输入层,最右边的称为输出层,在输入层和输出层之间加入了若干隐藏层,使神经网络对非线性情况的拟合程度大大增强。因为每一层的任一单元都与上一层的每个单元存在连接,所以前馈神经网络也叫作全连接神经网络。

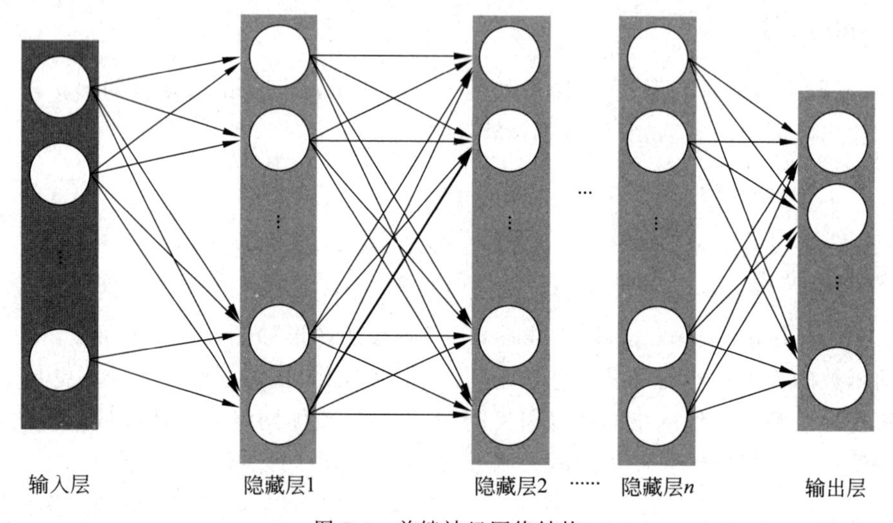

图 5-4 前馈神经网络结构

输入数据经过前馈神经网络逐层向前计算的过程,称为前向传播(forward propagation)。输入层从外部获取输入信息,在输入节点不进行任何计算,仅向隐藏层节点传递信息。隐藏层节点对输入信息进行处理,层层传递,到达输出层。输出层节点计算输出值,并传递到外部。下面以如图 5-5 所示的简化版前馈神经网络为例,介绍前向传播的计算过程。

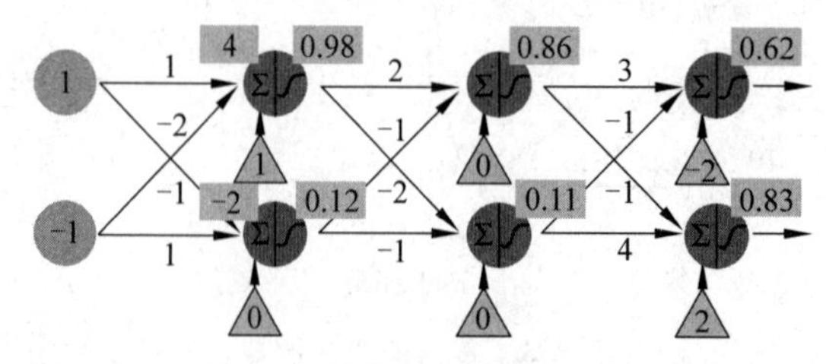

图 5-5 简化版前馈神经网络

1. 输入层

输入的二维特征为[1,−1]。

2. 隐藏层 1

(1) 第一个神经元：输入特征的加权和为 1×1+(−1)×(−2)=3,加上偏置 1,等于 4,经过 Sigmoid 函数,得到 0.98。

(2) 第二个神经元：输入特征的加权和为 1×(−1)+(−1)×1=−2,加上偏置 0,等于 −2,经过 Sigmoid 函数,得到 0.12。

3. 隐藏层 2

(1) 第一个神经元：上层输出的加权和为 0.98×2+0.12×(−1)=1.84,加上偏置 0,等于 1.84,经过 Sigmoid 函数,得到 0.86。

(2) 第二个神经元：上层输出的加权和为 0.98×(−2)+0.12×(−1)=−2.08,加上偏置 0,等于−2.08,经过 Sigmoid 函数,得到 0.11。

4. 输出层

(1) 第一个神经元：上层输出的加权和为 0.86×3+0.11×(−1)=2.47,加上偏置−2,等于 0.47,经过 Sigmoid 函数,得到 0.62。

(2) 第二个神经元：上层输出的加权和为 0.86×(−1)+0.11×4=−0.42,加上偏置 2,等于 1.58,经过 Sigmoid 函数,得到 0.83。

如果我们把图 5-5 中的前馈神经网络看作一个整体的函数 $f(\cdot)$,那么其作用就是把输入的二维特征[1, −1]转换为输出[0.62, 0.83],即 $f\left(\begin{bmatrix}1\\-1\end{bmatrix}\right)=\begin{bmatrix}0.62\\0.83\end{bmatrix}$。

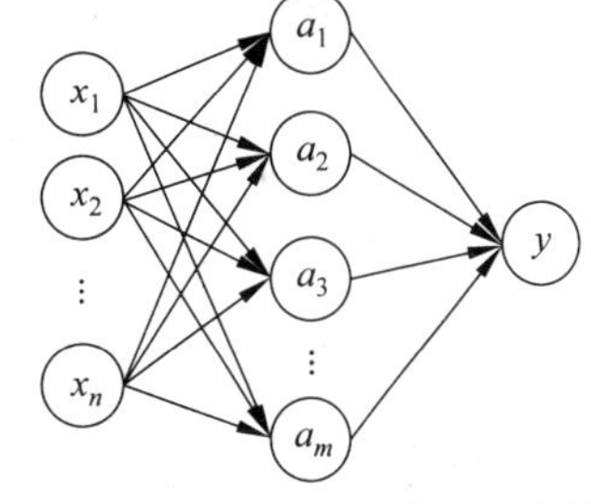

图 5-6　前馈神经网络典型连接结构

我们将上述计算过程拓展到更一般的情况,对于如图 5-6 所示的典型连接结构,计算过程如下：

$$
\begin{aligned}
a_1 &= \sigma(w_{11}^{(1)} x_1 + w_{21}^{(1)} x_2 + \cdots + w_{n1}^{(1)} x_n) \\
a_2 &= \sigma(w_{12}^{(1)} x_1 + w_{22}^{(1)} x_2 + \cdots + w_{n2}^{(1)} x_n) \\
&\vdots \\
a_m &= \sigma(w_{1m}^{(1)} x_1 + w_{2m}^{(1)} x_2 + \cdots + w_{nm}^{(1)} x_n) \\
y &= \sigma(w_{11}^{(2)} a_1 + w_{21}^{(2)} a_2 + \cdots + w_{m1}^{(2)} a_m)
\end{aligned}
\tag{5-5}
$$

式中,a_i 表示第 i 个隐藏节点的激活输出值;$w_{ij}^{(k)}$ 表示第 k 层中第 i 个节点与第 $k+1$ 层中第 j 个节点之间的连接权重;$\sigma(\cdot)$为激活函数。

5.1.4　神经网络训练过程

神经网络训练过程

5.1.3 小节举了一个简单的前向计算案例：把输入的二维特征[1,−1]转换为输出[0.62,0.83]。这是在固定了神经网络连接权重的情况下,对于某个输入,只能得到固定的输出结果。这样已经定型的神经网络只能用于某个特定的用途。

我们知道,神经网络的一个重要作用就是基于已知的输入、输出样本数据,挖掘其中的规律,从而对未知的输入进行预测。所以换个角度看图 5-5,把神经网络看作一个黑盒子,在固定了输入为[1,−1]、输出为[0.62,0.83]的情况下,理论上总能找到一组连接权重,匹配输入与输出的关系。这一寻找的过程就是神经网络的训练过程。

神经网络的训练过程如图 5-7 所示,各环节进行的具体内容如下。

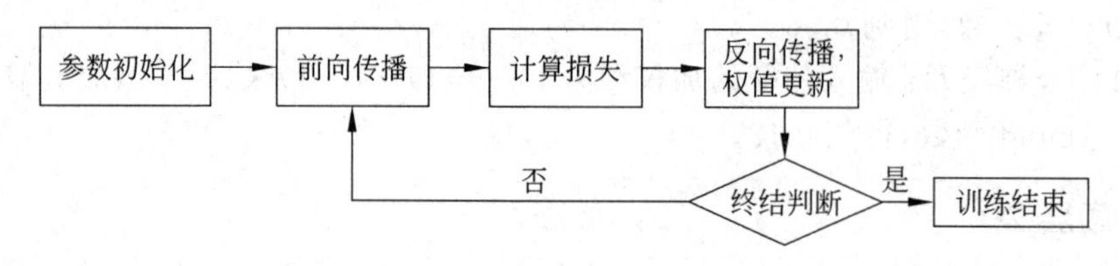

图 5-7　神经网络的训练过程

1. 参数初始化

复杂的神经网络难以通过数学公式推导求出解析解,通常使用迭代的方式寻找数值解。所以最开始要为整个神经网络中的权重参数赋予初始值,可使用常数初始化、正态分布、均匀分布等随机初始化方法。这个时候的神经网络相当于一个不懂事的孩子,还没有掌握数据集的任何规律,让它做预测就像抛硬币盲猜。

2. 前向传播

神经网络基于当前的权重参数,对于样本数据集中的每一条样本输入,执行神经网络前向计算,得到输出结果。具体计算过程已在 5.1.3 小节讲解。

3. 计算损失

样本输入经过前向传播,得到的结果与样本标签存在偏离,这就是损失。以房价预测为例,假设有一条样本的标签(准确值)为 200 万元,而神经网络根据该条样本的输入特征,预测房价为 100 万元,那么这中间的差距就相当于模型的损失。如果经过不断迭代,预测房价变为了 180 万元,则说明模型的损失减小了,模型更精确了。

不同类型的神经网络需要用不同的损失函数(loss function)来衡量,常用的损失函数有两类。

1) 均方差损失(mean squared error,MSE)

均方差损失是针对回归问题的损失函数,公式如下:

$$\mathrm{MSE}=\frac{1}{n}\sum_{i=1}^{n}(y_i-\hat{y}_i)^2 \tag{5-6}$$

式中,y_i 表示第 i 个样本的真实输出;$\hat{y}_i$ 表示模型对第 i 个样本的预测输出。通过将 $y_i-\hat{y}_i$ 求平方,不仅使正负误差在累加过程中不被抵销,而且可以放大主要差距,缩小次要差距。

2) 交叉熵损失(cross entropy loss,CEL)

交叉熵损失是针对分类问题的损失函数,以二分类为例,其公式如下:

$$\mathrm{CEL}=\frac{1}{n}\sum_{i=1}^{n}-[y_i\log(p_i)+(1-y_i)\log(1-p_i)] \tag{5-7}$$

式中，y_i 表示第 i 个样本的标签(真实类别)，正类为 1，负类为 0；p_i 表示第 i 个样本被预测为正类的概率。

4. 反向传播，权值更新

为了使模型在下一轮训练中减少损失，需要调整模型中的各个权重，就要依靠反向传播算法，其目的就是使各个权重往整体损失减少的方向去调整。反向传播算法涉及偏导数等数学知识，下面先以简化的一元线性回归案例说明其原理。

在式(5-6)中，代入一元线性回归的模型 $\hat{y}_i=\omega x_i+b$，得

$$\mathrm{MSE}=\frac{1}{n}\sum_{i=1}^{n}(\omega x_i+b-y_i)^2 \tag{5-8}$$

式中，x_i 和 y_i 是第 i 个样本的特征和真实输出，是已知的数据；ω 和 b 是待优化的变量，所以 MSE 可以看作 ω 和 b 的函数。以 ω 为例，MSE 是 ω 的二次函数，其图形如图 5-8 所示。

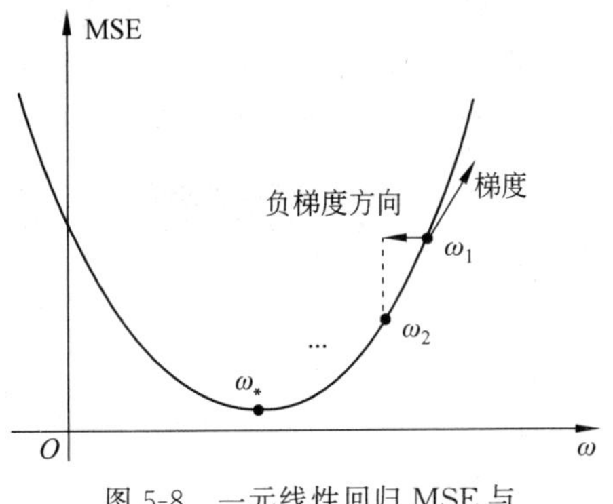

图 5-8 一元线性回归 MSE 与权重 ω 的函数关系

在 ω_1 点，MSE 较大，如何使 MSE 减小呢？我们分析 ω_1 点的梯度(梯度表示函数在该点处的方向导数沿着该方向取得的最大值，即函数在该点处沿着该方向变化最快，变化率最大)，很显然，让 ω 沿着负梯度方向，移动到 ω_2 就可以让 MSE 减小。如此不断迭代，当 ω 移动到 ω_* 时，梯度大小为 0，不需要再更新 ω，而 MSE 也取得最小值。

以上过程叫作梯度下降算法。举个通俗的例子，假设我们在山顶上，为了以最快的速度到达山底，就需要在每一步观测到此时最陡峭的地方，梯度就恰巧告诉了我们这个方向。梯度的方向是函数在给定点上升最快的方向，那么梯度的反方向就是函数在给定点下降最快的方向，这正是我们所需要的。所以我们只要沿着梯度的反方向一直走，就能走到局部的最低点。

对于神经网络，由于网络包含多个隐含层，在计算梯度的时候，需要用反向传播的方式，从输出层向输入层倒着计算以及更新参数。所以反向传播法是梯度下降法在神经网络上的具体实现方式。

5. 终结判断

通常，用于实际场景的神经网络比一元线性回归复杂得多，反向传播的计算过程也比图 5-8 复杂得多，因此很难通过某个权重的梯度等于 0 来决定终止迭代。真实的复杂神经网络训练过程中，往往设置了固定的迭代次数，或者以模型的损失值或准确率达到预设的阈值为条件，终止迭代。

应用案例——分类

5.1.5 应用案例——分类

使用神经网络可以解决分类问题。例如，金融欺诈检测，即识别金融交易中的异常模式，以检测欺诈行为；手写数字识别，即识别手写数字图像为0～9中的哪个数字等。本小节通过鸢尾花分类这一较为简单的案例，展示神经网络在分类问题中的应用。

1. 应用场景

鸢尾花(Iris)数据集是机器学习领域的经典数据集，包含3种鸢尾花的数据，分别为山鸢尾(setosa)、变色鸢尾(versicolor)和弗吉尼亚鸢尾(virginica)。数据集共有150条记录，每类各50条记录，每条记录都有4项特征：花萼长度、花萼宽度、花瓣长度、花瓣宽度，可以通过这4个特征预测鸢尾花卉属于哪一个品种。

在微思Sheet中，可以直接加载本数据集，并开展神经网络训练，如图5-9所示。其中，A列是样本序号，没有实际意义；B列是花萼长度；C列是花萼宽度；D列是花瓣长度；E列是花瓣宽度；F列是鸢尾花品种。

微思Sheet 文件 统计分析 回归分析 分类/聚类 特色图表 综合分析 帮助

加载完毕

K10

	A	B	C	D	E	F	G
1		Sepal.Length	Sepal.Width	Petal.Length	Petal.Width	Species	
2	1	5.1	3.5	1.4	0.2	setosa	
3	2	4.9	3	1.4	0.2	setosa	
4	3	4.7	3.2	1.3	0.2	setosa	
5	4	4.6	3.1	1.5	0.2	setosa	
6	5	5	3.6	1.4	0.2	setosa	
7	6	5.4	3.9	1.7	0.4	setosa	
8	7	4.6	3.4	1.4	0.3	setosa	
9	8	5	3.4	1.5	0.2	setosa	

图5-9 鸢尾花数据集部分样本

2. 模型抽象

使用前馈神经网络寻找花萼长度、花萼宽度、花瓣长度、花瓣宽度4项特征与鸢尾花品种的关系，模型结构如图5-10所示。

在本案例的神经网络模型中，输入层的4个节点分别对应4个特征数据。中间隐藏层的层数可以任意设置，但本案例数据量不大，一般设置1～2个隐藏层就够了。输出层的3个节点分别对应3个鸢尾花品种的概率。因为是多分类问题，输出层的激活函数需要改为Softmax函数。相对于Sigmoid函数是将单个输入值压缩到0～1内，Softmax函数不仅将多个输入值都压缩到0～1内，而且输出值之和等于1，这样就可以将输出看作分类概率。

在微思Sheet中，调用“前馈神经网络(FNN)”模块，进行如图5-11所示的模型设置。这里使用两个隐藏层：第一层有16个节点，第二层有8个节点，两层都使用Sigmoid激活函数。输出层使用Softmax激活函数。

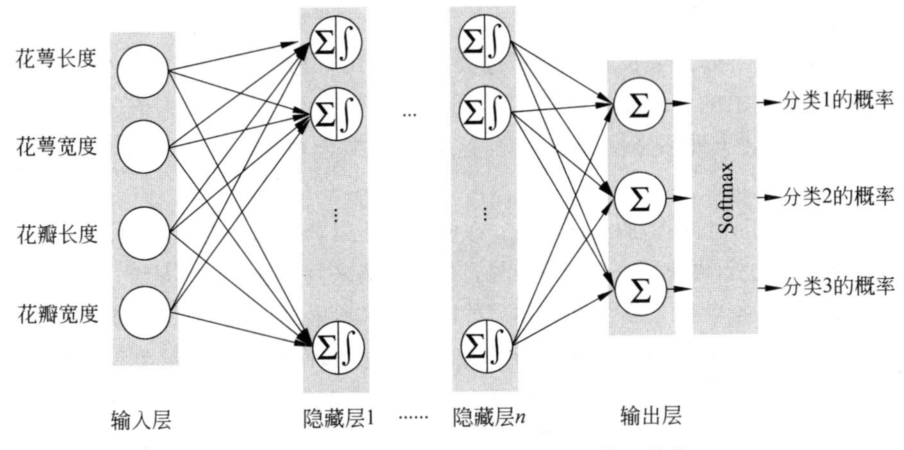

图 5-10　用于鸢尾花分类的神经网络模型结构

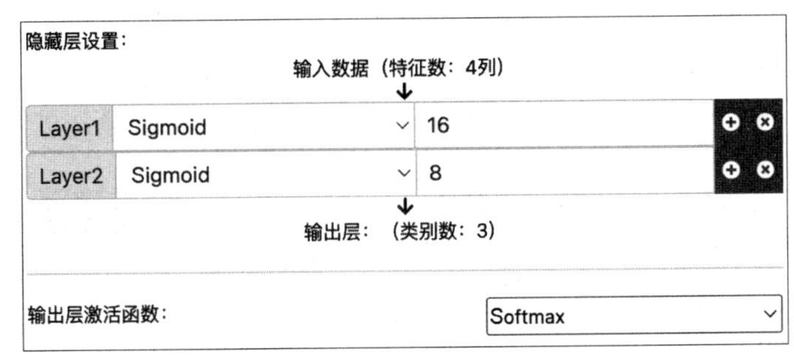

图 5-11　微思 Sheet 中鸢尾花分类模型设置

3. 算法描述

本案例的神经网络训练过程与 5.1.4 小节描述的相同。在微思 Sheet 中进行如图 5-12 所示的训练参数设置。下面对各个参数进行说明。

（1）迭代次数（epoch）：使用训练数据集的全部数据进行一次完整的训练，称为一个迭代，即完成一次图 5-7 中的循环。

（2）批次大小：当一个完整的数据集太大时，一次性进行训练超过内存限制，就需要分批进行。将整个训练样本分成若干批，每批样本的数量就是批次大小。本案例仅有 150 条样本，尚不需要进行分批。

（3）学习率：权重更新的幅度。当该值过大时，权重会快速地往负梯度方向更新，也就是学习速度会很快，但可能会导致损失函数曲线反复振荡，找不到最优解；当该值很小时，学习速率就会变得很慢，需要进行更多的迭代才能找到最优解。一般设学习率为 0.01～0.1。

（4）测试集、验证集百分比：整个样本中留作测试用途、验证用途的比例。在训练神经网络或机器学习模型时，不会把所有样本都用于训练，通常拆分为训练集、验证集、测试集，下面分别进行说明。

① 训练集：用于训练模型参数的数据集，模型直接根据训练集来调整内部权重，以获得更好的效果。

② 验证集：用于在训练过程中检验模型的状态、收敛情况等。验证集通常用于调整超

参数(即迭代次数、批次大小、学习率等参数),根据几组模型验证集上的表现决定哪组超参数拥有最好的性能。同时,验证集在训练过程中可以用来监控模型是否发生过拟合。一般来说,模型在验证集上的表现稳定后,若继续训练,模型在训练集的损失值还会继续下降,但在验证集的损失值会出现不降反升的情况,这就是过拟合现象。所以验证集也用来判断何时停止训练。

③ 测试集:用于评价模型的泛化能力。在使用验证集确定了超参数,使用训练集调整了模型的内部权重参数之后,再使用一个从没有见过的数据集来判断这个模型是否达到预期效果。

打个比方,训练集就像是学生的课本,学生学习课本里的内容,掌握知识;验证集就像是作业,通过作业可以知道不同学生的学习情况、进步速度;而最终的测试集就像是考试,考的题是平常都没有见过的,目的是考查学生举一反三的能力。

(5) 损失函数:在 5.1.4 小节我们讲解了神经网络常用的损失函数有均方差损失、交叉熵损失。其中,交叉熵损失适用于分类问题。因此,本案例选择 categoricalCrossentropy 选项。

(6) 优化器:在 5.1.4 小节我们讲解了神经网络的反向传播与权重更新原理。在实际应用中,可以使用随机梯度下降(stochastic gradient descent, SGD)、自适应矩估计(adaptive moment estimation, Adam)等具体算法。本案例选择使用 Adam 算法进行参数优化。

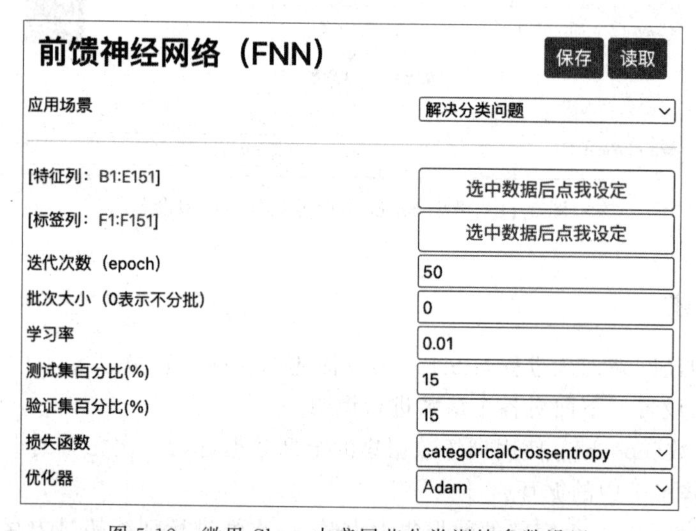

图 5-12 微思 Sheet 中鸢尾花分类训练参数设置

4. 结果呈现

在微思 Sheet 中,按前述的要求配置好参数后,单击“开始训练”按钮,得到如图 5-13 所示的训练结果。

图 5-13(a)和(c)展示了模型在 50 次迭代过程中,损失值和准确率的变化情况。我们可以看到整体上损失值不断减小,准确率不断上升,最后都趋于稳定,说明即使再训练下去,模型也难有突破。另外,不管是损失值还是准确率,模型在训练集上的表现都比验证集要好一点。

图 5-13(b)和(d)展示了模型在测试集上的表现。由混淆矩阵可知,模型在测试集(共 22 个样本,即 150×15%取整)上预测全部正确。最终,训练集上的准确率为 97.17%,验证集上的准确率为 95.45%,测试集上的准确率为 100%。

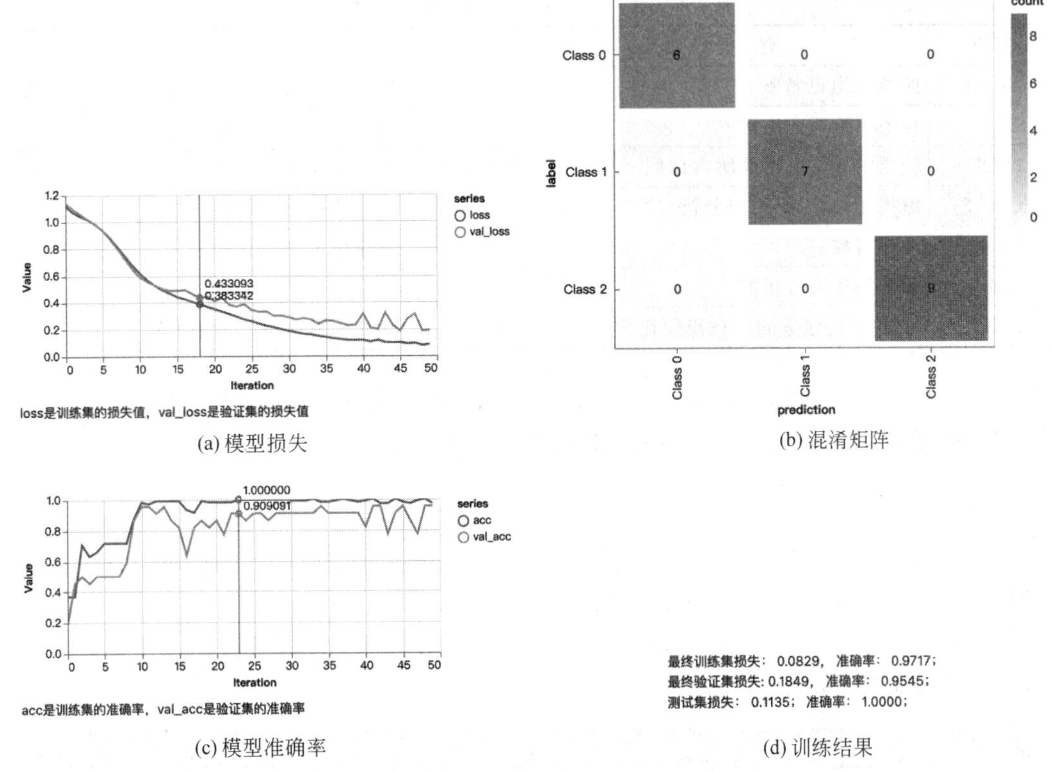

(a) 模型损失　　(b) 混淆矩阵

(c) 模型准确率　　(d) 训练结果

图 5-13　微思 Sheet 中鸢尾花分类案例训练结果

素养提升

针对某个具体问题，要得到一个表现优秀的神经网络，需要经过多次人工调整网络结构、训练节奏等超参数，并迭代训练。因此，在训练模型的过程中需要专注观察每一次训练结果，在挫折中不断寻找成功的方向，培养严谨、耐心、专注的品质。

5.1.6　应用案例——回归

应用案例——回归

使用神经网络也可以解决分类问题。比如，能源消耗预测，即预测能源需求或消耗，以优化能源分配和使用；污染水平预测，即预测空气或水体中的污染水平，从而辅助环境监管等。本小节通过房价预测这一较为简单的案例，展示神经网络在回归问题中的应用。

1. 应用场景

波士顿房价预测是一个经典的回归任务，数据集涵盖了美国波士顿的 506 个不同郊区的房屋数据，其中有 404 条训练数据和 102 条测试数据，每条数据有 14 个字段，如表 5-1 所示。其中，MEDV 是房价，即回归任务的标签，其他 13 个字段都是特征，可以通过这 13 个特征预测房价。

通过分析原始数据可知，各个特征的取值范围差异较大，如 NOX 在 0～1 内，而 TAX 和 B 等字段的值在几百左右。如果直接用原始数据进行训练，可能导致模型对部分字段特

表 5-1 波士顿房价数据集字段及其含义

字段	含义	字段	含义
CRIM	城镇人均犯罪率	DIS	距离 5 个波士顿就业中心的加权距离
ZN	住宅用地所占比例	RAD	距离高速公路的便利指数
INDUS	城镇中非住宅用地所占比例	TAX	每 1 万美元的不动产税率
CHAS	虚拟变量,用于回归分析	PTRATIO	城镇中的教师学生比例
NOX	环保指数	B	城镇中的黑人比例
RM	每栋住宅的房间数	LSTAT	房东属于低收入人群的比例
AGE	1940 年前建成的自住单位比例	MEDV	房价中位数(也就是均价)

别敏感。为了消除不同特征的量纲差异带来的影响,需要先对原始的特征数据进行归一化,将每个特征的数据变换到 0~1 内,并保留内在的大小比例关系,公式如下:

$$x' = \frac{x - \min}{\max - \min} \tag{5-9}$$

式中,x 表示波士顿房价数据集某一列的某个数据;min 是数据所在列的最小值;max 是数据所在列的最大值;x' 表示归一化后的结果。

我们将归一化后特征数据以及原始的房价(MEDV 列)粘贴到微思 Sheet 中,并开展神经网络训练,如图 5-14 所示。

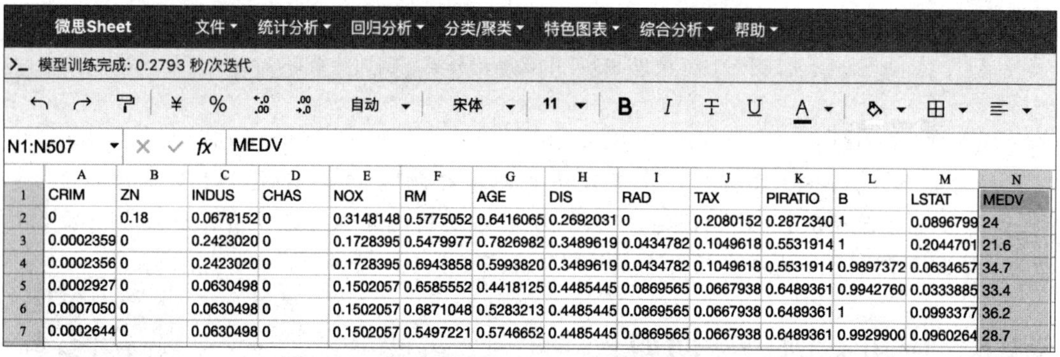

微思Sheet 文件 统计分析 回归分析 分类/聚类 特色图表 综合分析 帮助

>_ 模型训练完成: 0.2793 秒/次迭代

N1:N507 fx MEDV

	A	B	C	D	E	F	G	H	I	J	K	L	M	N
1	CRIM	ZN	INDUS	CHAS	NOX	RM	AGE	DIS	RAD	TAX	PIRATIO	B	LSTAT	MEDV
2	0	0.18	0.0678152	0	0.3148148	0.5775052	0.6416065	0.2692031	0	0.2080152	0.2872340	1	0.0896799	24
3	0.0002359	0	0.2423020	0	0.1728395	0.5479977	0.7826982	0.3489619	0.0434782	0.1049618	0.5531914	1	0.2044701	21.6
4	0.0002356	0	0.2423020	0	0.1728395	0.6943858	0.5993820	0.3489619	0.0434782	0.1049618	0.5531914	0.9897372	0.0634657	34.7
5	0.0002927	0	0.0630498	0	0.1502057	0.6585552	0.4418125	0.4485445	0.0869565	0.0667938	0.6489361	0.9942760	0.0333885	33.4
6	0.0007050	0	0.0630498	0	0.1502057	0.6871048	0.5283213	0.4485445	0.0869565	0.0667938	0.6489361	1	0.0993377	36.2
7	0.0002644	0	0.0630498	0	0.1502057	0.5497221	0.5746652	0.4485445	0.0869565	0.0667938	0.6489361	0.9929900	0.0960264	28.7

图 5-14 波士顿房价数据集(归一化后)部分样本

2. 模型抽象

使用前馈神经网络,寻找 CRIM 等 13 项特征与 MEDV 的关系,模型结构如图 5-15 所示。

在本案例的神经网络模型中,输入层的 13 个节点分别对应 13 个已经过归一化的特征数据。中间隐藏层的层数可以任意设置,本案例数据量不大,一般设置 1~2 个隐藏层就够了。输出层为 1 个节点,即待预测的房价 MEDV。

在微思 Sheet 中,调用"前馈神经网络(FNN)"模块,进行如图 5-16 所示的模型设置。这里使用两个隐藏层,第一层有 32 个节点,第二层有 16 个节点,都使用 Sigmoid 激活函数。特别要注意的是,因为是回归问题,输出层无须使用激活函数。

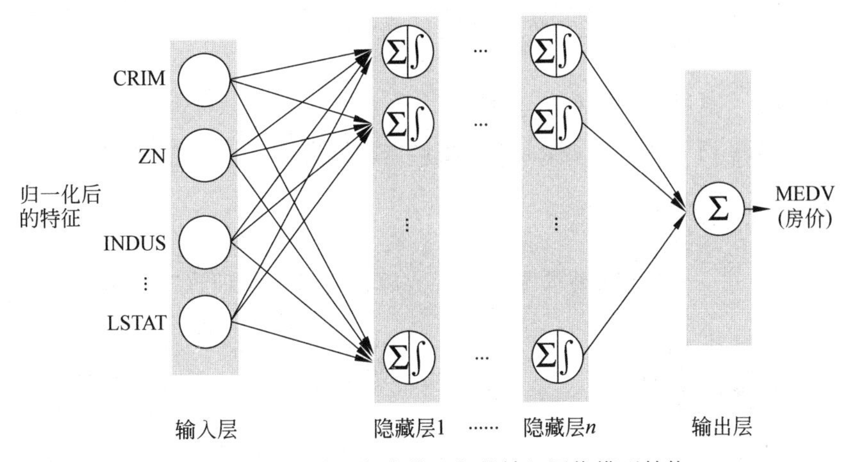

图 5-15 用于波士顿房价回归的神经网络模型结构

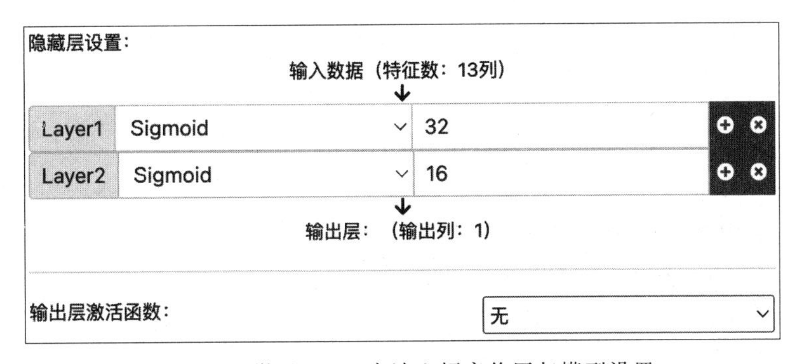

图 5-16 微思 Sheet 中波士顿房价回归模型设置

3. 算法描述

本案例的神经网络训练过程与 5.1.4 小节描述的相同。在微思 Sheet 中进行如图 5-17

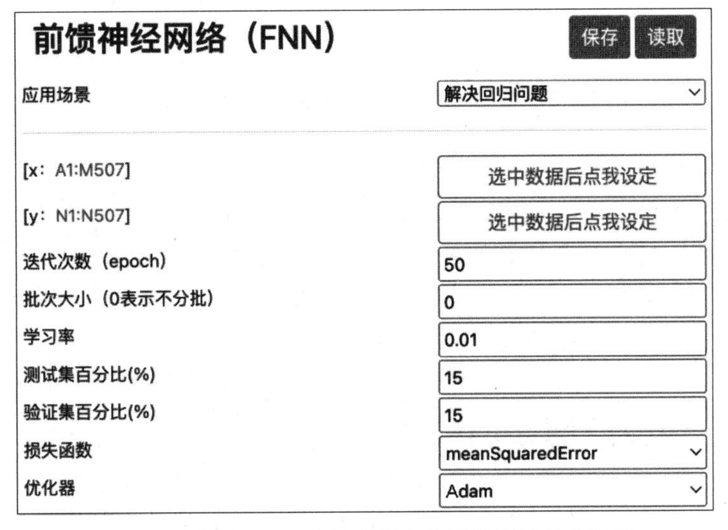

图 5-17 微思 Sheet 中波士顿房价回归训练参数设置

所示的训练参数设置。其中大多数参数的设置与 5.1.3 小节的设置相同,不同的地方如下。

(1) 应用场景:选择“解决回归问题”。

(2) 损失函数:对于回归问题,需要使用均方差损失,即这里的 meanSquaredError。

4. 结果呈现

在微思 Sheet 中,按前述的要求配置好参数后,单击“开始训练”按钮,得到如图 5-18 所示的训练结果。

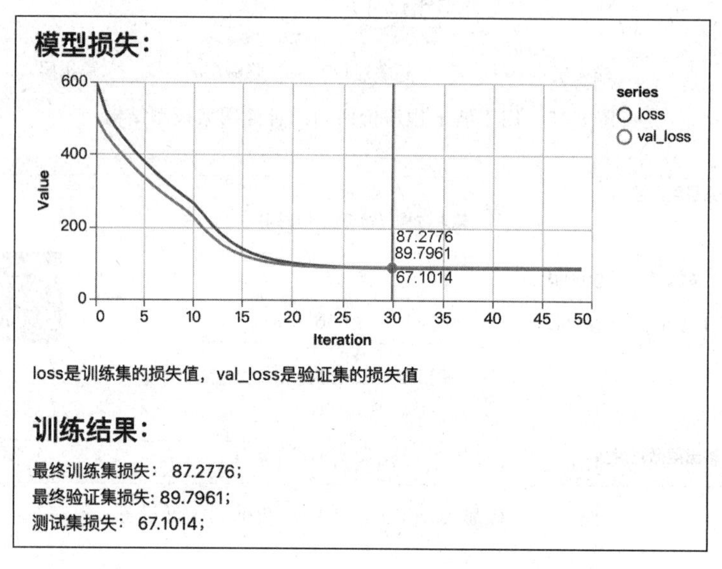

图 5-18　微思 Sheet 中波士顿房价回归案例训练结果

由图 5-18 可知,整体上,损失值不断减小,在训练到第 30 轮左右时,已经接近稳定,说明即使再训练下去,模型也难有突破。另外,模型在验证集上的表现比训练集要好一点。

5.2　卷积神经网络

5.1 节介绍了神经网络的相关原理,它是深度学习的基础知识,但当前许多耳熟能详的深度学习模型,使用的并不是全连接神经网络,而是针对特定领域场景优化后的特殊神经网络。其中较为经典的特殊网络结构有:卷积神经网络、循环神经网络,本节先介绍主要应用于计算机视觉领域的卷积神经网络。

5.2.1　全连接神经网络的缺点

5.1 节的实践案例不仅输入特征维度少,而且样本数据量小。我们在生活中遇到的图像相关的输入数据量就远超此量级。以经典的 MNIST 手写数字识别数据集为例，该数据集来自美国国家标准与技术研究所，由来自 250 个不同人手写的 0～9 数字构成，共有 60000 个样本图片，每个样本图片的长为 28 像素，宽为 28 像素，即输入特征维度为 28×28=784。

如果使用如图 5-19 所示的单隐层全连接神经网络进行 MNIST 手写数字识别，假设隐藏层的节点数为 512，则待求解的权重参数个数为 28×28×1×512≈40.14 万（忽略隐藏层偏置项、隐藏层与输出层的权重数）。

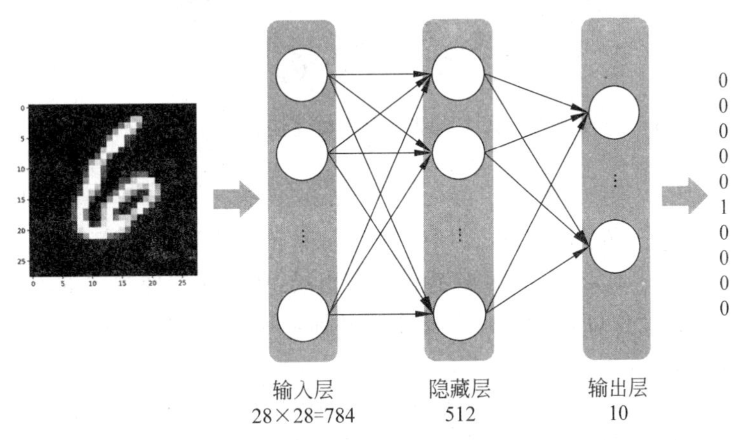

图 5-19 用于 MNIST 手写数字识别的单隐层全连接神经网络

但当今不管是网络上传播的图片还是现实中拍摄的图片，尺寸都在几百或一千像素以上，而且是彩图，具有 RGB 三个通道。以长为 1024 像素、宽为 768 像素的彩图为例，输入上述模型，则待求解的权重参数个数为 1024×768×3×512≈12 亿（忽略隐藏层偏置项、隐藏层与输出层的权重数）。

参数的增多使计算速度减慢，而且容易超出计算机内存，使问题无法求解。另外，还容易出现过拟合问题，即模型参数过多，而训练数据过少，最终只有极少量权重参数受到了相对充分的训练，而其他未被充分训练的权重参数则会对模型的预测起到反作用。所以我们需要一个适用于计算机视觉领域的经过特殊优化的神经网络结构，其应具有更少的参数数量，但可以更好地发挥作用，这就是卷积神经网络。

5.2.2 卷积神经网络简介

卷积神经网络简介

卷积神经网络（convolutional neural network，CNN）是一种包含卷积计算且具有深度结构的前馈神经网络。早在 1979 年，日本学者福岛邦彦就提出了新认知机（neocognitron）模型，这被视为卷积神经网络的研究起源。接下来，我们从人类是如何识别图像中的物体这一问题中获取一些直观认知。

对于图 5-20 左侧所示的图片来说，人类不需要将图片中的每个像素点都仔细看完，只需要识别图片中的关键特征就能下结论。例如，老师在教小孩子识物时，会告诉孩子，具备“两只眼、尖尖的嘴、两只爪”等特征的物体就是鸟，而不会让孩子盯着鸟身上的羽毛细节看。此外，即使图片变得模糊一点、尺寸小一点，只要这些关键特征还能看得清，就不影响人的判断。

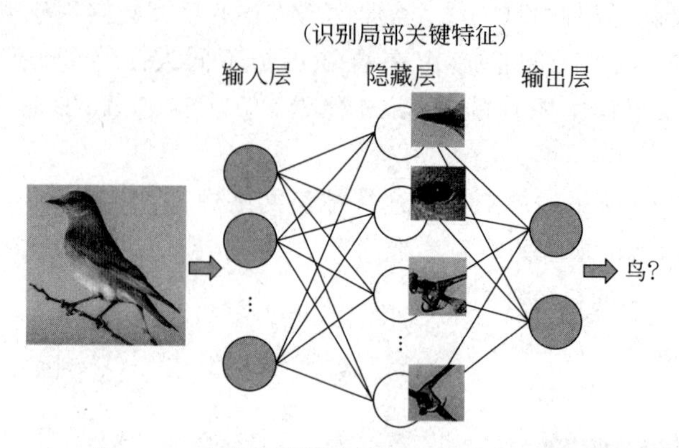

图 5-20 人类识别图像物体过程的直观认知

受此启发,研究者们引入了卷积层(convolutional layer)和池化层(pooling layer)这两类特殊的网络层。其中,卷积层对输入图像进行局部区域的卷积运算,从而提取特征,得到特征图(feature map)。通常,需要很多不同的卷积层,从输入图像中提取不同层次的特征,这样整个网络中就会产生许多特征图。池化层又称降采样层,通常跟在卷积层后面,使特征图的分辨率逐步降低,在保留有用信息的前提下减少数据量,降低模型的过拟合程度。

卷积神经网络的整体结构如图 5-21 所示。原始图像为三通道,经过卷积层得到 8 个中间图。这相当于用 8 种不同的方式提取原始图像中的特征,得到 8 个特征表达。然后经过池化层把特征图的尺寸缩小。后面再经过一遍卷积层和池化层,进一步提取特征。把最后的特征图展平成一维向量,输入全连接层,进行分类。

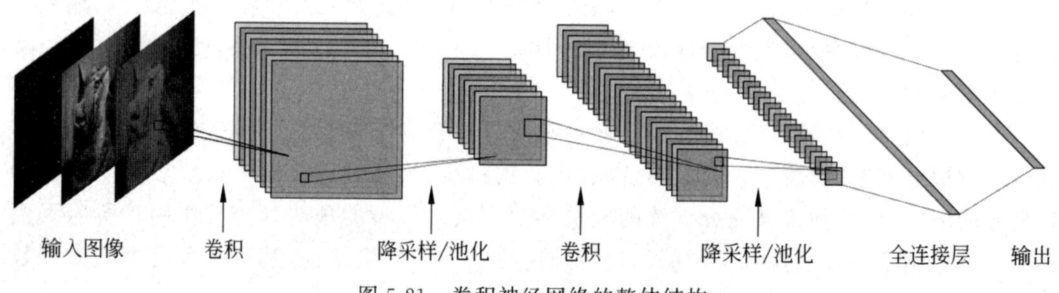

图 5-21 卷积神经网络的整体结构

5.2.3 卷积层

1. 计算原理

卷积是一种线性计算,由卷积核在输入图像上从左往右、从上到下进行扫描,分别将卷积核上的数值与输入图像上对应位置的像素值进行相乘并累加,得到的结果作为输出特征图相应位置的像素值。具体计算过程的示例如图 5-22 所示。

图 5-22(a)中的 5×5 矩阵代表输入图像,3×3 矩阵代表卷积核。将输入图像中虚线框区域与卷积核的每个元素分别相乘,然后相加,所得到的值作为输出特征图中第一个位置的值。

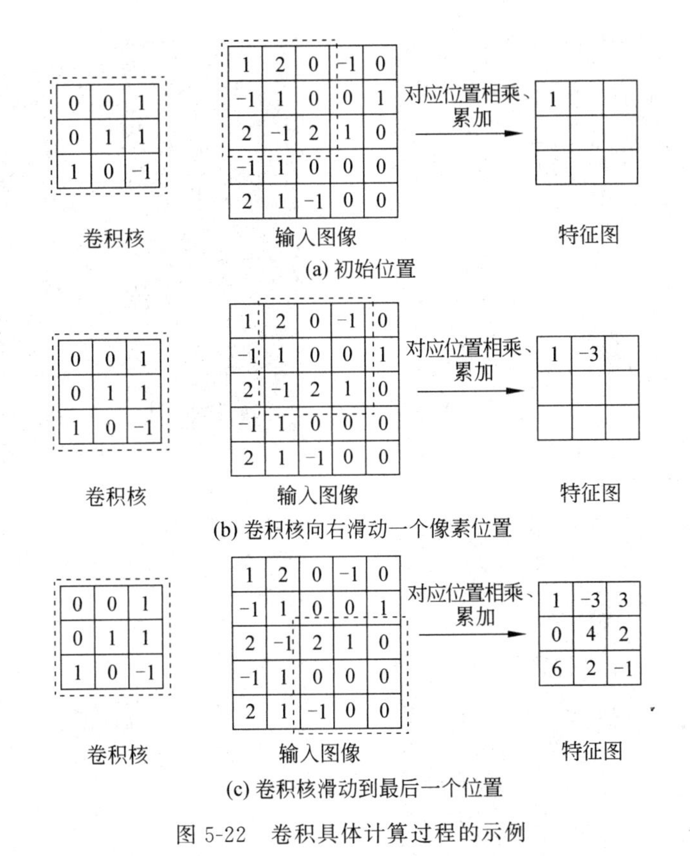

图 5-22　卷积具体计算过程的示例

然后将卷积核向右滑动一个像素位置，如图 5-22(b)所示，将此时虚线框区域内每个元素分别与卷积核的每个元素分别相乘，然后相加，所得到的值作为输出特征图中第二个位置的值。重复上述“相乘、累加、滑动窗口”操作，直至输出特征图的所有位置都有结果，如图 5-22(c)所示。

卷积核在输入二维矩阵上“滑动”，对其所覆盖部分的元素进行逐元素乘法，然后累加为单个输出的像素值，重复这个过程直到遍历整张图像，这个过程就叫作卷积。因为常见的计算机视觉领域研究问题是针对二维平面图像的，所以卷积核通常是二维形式，但卷积并不仅限于二维数据，还有一维卷积、三维卷积等。例如，一维卷积常用于序列模型、自然语言处理领域；三维卷积可应用于三维立体图像数据，如医学影像数据、自动驾驶三维点云数据等。

2. 卷积的作用

如前所述，卷积核可以提取图像的局部区域特征。不同卷积核的特征提取效果如图 5-23 所示。

原始输入图像经过 Sobel-X 算子的卷积核处理后，得到的特征图能使左右边界凸显出来，即抓取了原始输入图像中的纵向纹理；原始输入图像经过 Sobel-Y 算子的卷积核处理后，得到的特征图能使上下边界凸显出来，即抓取了原始输入图像中的横向纹理；经过名为 Laplance 算子的卷积核处理后，得到的特征图能使边缘锐化，即抓取了原始输入图像中的边缘纹理。

(a) 原始输入图像　(b) Sobel-X 算子处理后的结果

(c) Sobel-Y 算子处理后的结果　(d) 拉普拉斯算子处理后的结果

图 5-23　不同卷积核的特征提取效果

5.2.4　池化层

通常，在一个卷积层或多个卷积层之后连接着一个池化层，池化就是计算图像一个区域上的某个特定特征的平均值或最大值，然后将该区域用该值替代，从而减小了特征图的长和宽，减少了网络的计算量。

常用的池化方法有均值池化和最大池化，如图 5-24 所示。均值池化和最大池化适用于不同的场景。

(1) 均值池化：对池化区域内的像素点取均值，这种方法得到的特征数据对背景信息更敏感。

(2) 最大池化：对池化区域内所有像素点取最大值，这种方法得到的特征对纹理特征信息更加敏感。

如图 5-24(b)所示，左边白色四个格子中的最大值是 4，我们将它填充到右边格子中，其他同理。

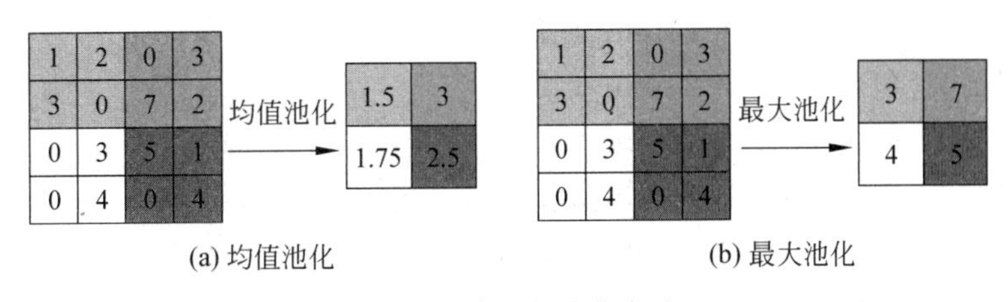

图 5-24　常用的池化方法

如图 5-24(a)所示,右边格子的值就是左边四个同色格子的平均值,其他同理。

5.2.5　卷积神经网络的应用

卷积神经网络的应用

卷积神经网络的典型应用是图像分类,在实际的图像分类应用中,需要基于深度学习框架(如 PyTorch、TensorFlow 等)开发代码来实现卷积神经网络。为了不囿于代码细节,我们通过一个在线的卷积神经网络可视化网站 CNN Explainer 直观地展示卷积神经网络的结构。

1. 应用场景

实现救生艇(lifeboat)、瓢虫(ladybug)、比萨(pizza)、甜椒(bell pepper)、校车(school bus)、考拉(koala)、咖啡(coffee)、小熊猫(red panda)、橙子(orange)、跑车(sport car)10 类物体图像的分类。此外,网站还支持用户上传自己的图像进行分类。

2. 模型抽象

CNN Explainer 网站主页展示了一种具有 4 个卷积层的卷积神经网络,如图 5-25 所示,其具体结构如下。

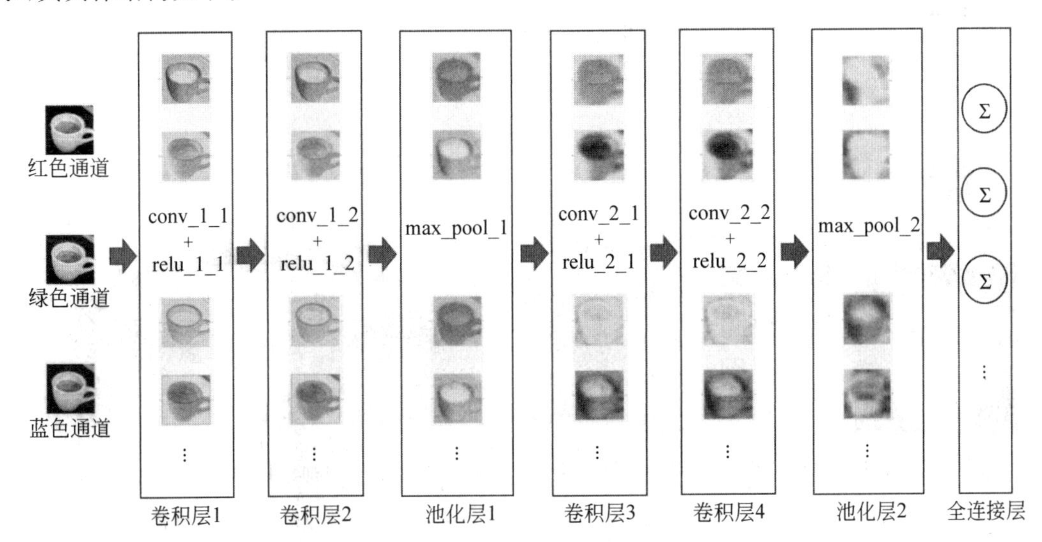

图 5-25　CNN Explainer 网站展示的卷积神经网络结构

(1) 卷积层 1：包含 conv_1_1、relu_1_1。

(2) 卷积层 2：包含 conv_1_2、relu_1_2。

(3) 池化层 1：max_pool_1。

(4) 卷积层 3：包含 conv_2_1、relu_2_1。

(5) 卷积层 4：包含 conv_2_2、relu_2_2。

(6) 池化层 2：max_pool_2。

(7) 全连接层：flatten。

3. 算法描述

1) 卷积层

以第一个卷积层 conv_1_1 为例，如图 5-26 所示，原始输入图像为彩色图像，包括 R、G、B 三个通道，对于单个通道来说，相当于一张灰度图。对每个通道分别施加卷积运算，即分别用三个不同的 3×3 卷积核，在三个通道的图像上从左到右、从上到下地扫描。最终，将三个通道的卷积运算结果相加，并加上偏置项，得到 conv_1_1 卷积层的输出。

2) 池化层

对卷积之后的各个通道(各张中间结果图)分别进行最大池化，相当于有一个 2×2 的算子，从左到右、从上到下地在图片上扫描，如图 5-27 所示。每到一处，执行相邻 4 像素的求最大值运算，将结果作为输出图像的对应位置像素值。

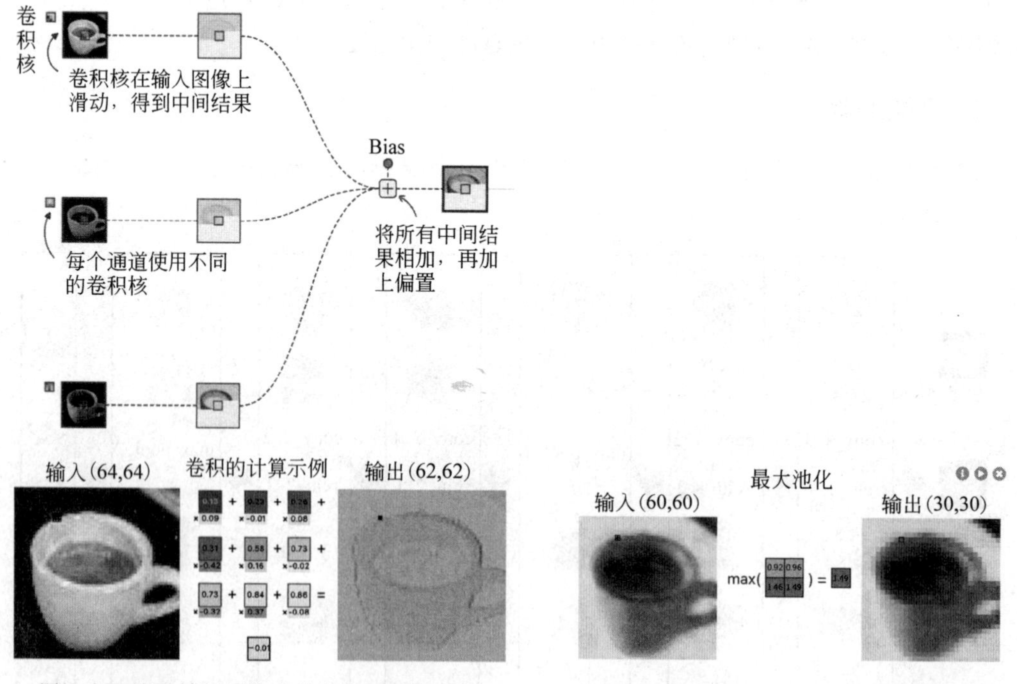

图 5-26 卷积神经网络中的卷积层运算示例

图 5-27 卷积神经网络中的池化层运算示例

3) 全连接层

经过多次“卷积＋池化”处理，提取得到原始图像的特征表达，为了将该特征表达映射到最终的 10 个分类上，需要使用全连接层，如图 5-28 所示。从最后一个池化层 max_pool_2

出来的特征图的数据维度为13×13×10,即10张13×13的特征图。将每张13×13的特征图展平为169个数据,然后将10张特征图顺序拼接,共得到1690个数据。这1690个数据就是原始图像的特征表达。因此,这里全连接层的输入维度为1690,输出维度为10。

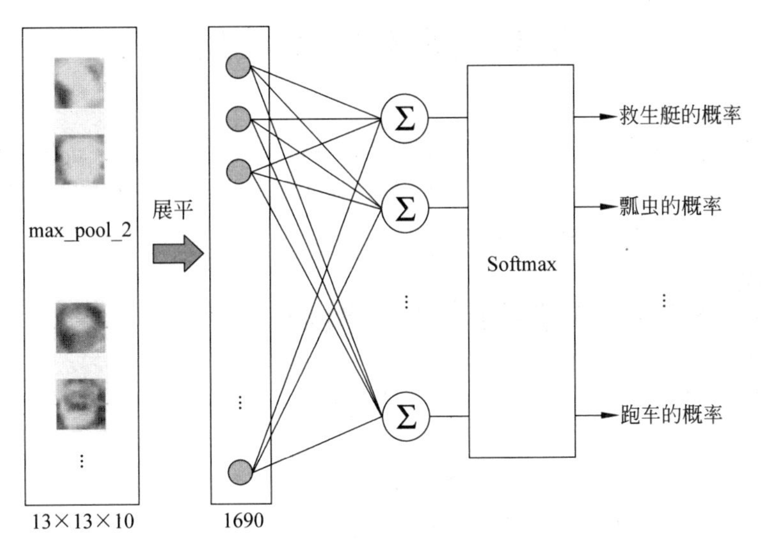

图5-28 卷积神经网络中的全连接层运算示例

4. 结果呈现

经过全连接层和Softmax计算,输出10个0～1内的数,依次对应10个类别的概率。以输入图像"咖啡"为例,全连接层的输出为:−4.26(救生艇)、2.97(瓢虫)、−0.38(比萨)、5.24(甜椒)、−7.58(校车)、−3.43(考拉)、8.65(咖啡)、2.63(小熊猫)、6.31(橙子)和0.69(跑车)。其中,咖啡对应的值为8.65,经过Softmax计算,结果如图5-29所示,即当前输入图像为"咖啡"的概率为88.06%,是所有类型中的最大概率,因此判定当前输入图像为"咖啡"。

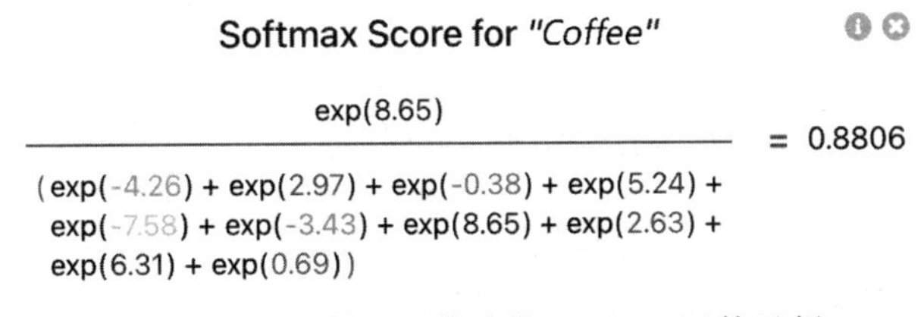

图5-29 卷积神经网络中的Softmax运算示例

素养提升

在计算机视觉领域,检验模型能力的"试金石"就是各类公开数据集,其中最典型的数据集就是ImageNet,它包含超过1400万张带标注的图像。从2010年开始,基于ImageNet数据集的7届ILSVRC大赛,涌现了许多基于卷积神经网络结构的经典网络,如AlexNet、GoogLeNet、VGG、ResNet等。可以说,ImageNet极大地推动了计算机视觉和深度学习的发展。

如此庞大规模的ImageNet,由华裔美国计算机科学家李飞飞和她的团队于2009年开源。人工智能的飞速发展离不开无数学者、技术人员的努力探索和无私奉献。

5.3 循环神经网络

5.2节介绍了主要应用于计算机视觉领域的卷积神经网络。在日常生活中,深度学习除了在帮助人类"看",还能帮助人类"理解"文字语言。本节介绍自然语言处理的基本概念,以及主要应用于该领域的循环神经网络。

自然语言处理概述

5.3.1 自然语言处理概述

自然语言处理(natural language processing,NLP)是计算机科学与人工智能领域中的一个重要方向,它研究能实现人与计算机之间用自然语言进行有效通信的各种理论和方法。借助自然语言处理,人们可以用自己最习惯的语言来使用计算机,而无须再花大量的时间和精力去学习各种不自然的计算机编程语言。因此,用自然语言与计算机进行通信,是人们长期以来所追求的目标。

一个相对完善的自然语言技术平台,涉及数据、基础算法、业务算法等。图5-30展示了阿里巴巴AliNLP自然语言技术平台的逻辑架构。该平台的底层是各种各样的基础数据;中间层包含基本的词法分析、句法分析、语义分析、文档分析,还有其他各种各样跟深度学习相关的一些技术;上层是自然语言处理能够直接掌控的一些算法和业务,如内容搜索、内容

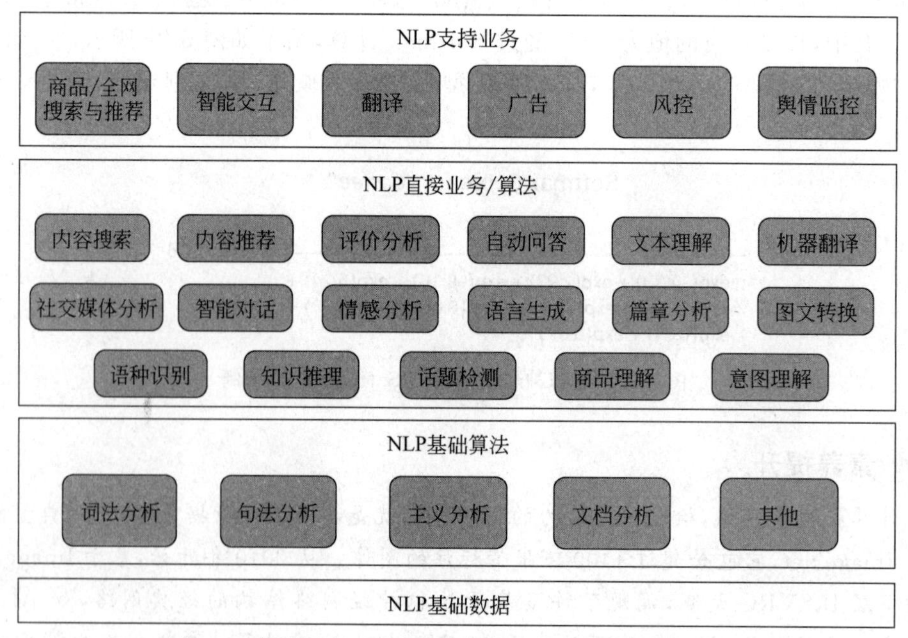

图5-30 阿里巴巴AliNLP自然语言技术平台的逻辑架构

推荐、评价分析、自动问答、文本理解等；最上层是直接支持大业务的单元，如商品/全网搜索与推荐、智能交互、翻译等。

5.3.2　自然语言处理基础知识

自然语言处理包括以下技术内容。

(1) 词法分析：分词、词性标注、命名实体识别等。

(2) 句法分析：短语结构句法分析、依存句法分析、深层文法句法分析等。

(3) 语义分析：词汇级语义分析、句子级语义分析、篇章级语义分析等。

下面重点介绍其中关键的两个环节：分词、词嵌入。

1. 分词

分词是自然语言处理的基础，分词准确性直接决定了后续环节(如词性标注、句法分析、词向量以及文本分析)的质量。英文语句使用空格将单词进行分隔，除了某些特定词，如how many、New York 等外，大部分情况下不需要考虑分词问题。但中文不同，中文缺少分隔符，需要读者自行分词和断句。故在进行中文自然语言处理时，我们需要先进行分词。

1) 中文分词的复杂性

(1) 分词规范问题

“词”这个概念一直是汉语语言学界纠缠不清而又挥之不去的问题。“词是什么”(词的抽象定义)及“什么是词”(词的具体界定)，这两个基本问题有点飘忽不定，迄今拿不出一个公认的、具有权威性的词表来。

主要困难出自两个方面：一方面是单字词与词素之间的划界，另一方面是词与短语(词组)的划界。此外，对于汉语“词”的认识，普通说话人的语感与语言学家的标准也有较大的差异。有关专家的调查表明，在母语为汉语的被试者之间，对汉语文本中出现词语的认同率只有大约 70%，从计算的严格意义上说，中文分词是一个没有明确定义的问题。

例如，“对随地吐痰者给予处罚”中，“随地吐痰者”本身是一个词还是一个短语，不同的人会有不同的看法。

(2) 歧义切分问题

歧义字段在汉语文本中普遍存在，因此，切分歧义是中文分词研究中一个不可避免的“拦路虎”。具体地，歧义分为以下两类。

① 交集型切分歧义：汉字串 AJB 如果满足 AJ、JB 同时为词(A、J、B 分别为汉字串)，则称为交集型切分歧义，此时汉字串 J 称为交集串。如“结合成”“大学生”“师大校园生活”“部分居民生活水平”等。

② 组合型切分歧义：汉字串 AB 如果满足 A、B、AB 同时为词，则称为多义组合型切分歧义。比如，“起身”在“他站｜起｜身｜来”和“他明天｜起身｜去北京”这两句话中的切分是不一样的；“将来”在“她明天｜将｜来｜这里做报告”和“她｜将来｜一定能干成大事”这两句话中的切分也是不一样的。

(3) 未登录词问题

未登录词又称为生词，有两种定义：一是指已有的词表中没有收录的词；二是指已有的训练语料中未曾出现过的词。在第二种定义下,未登录词又称为集外词,即训练集以外的词。通常情况下将集外词与未登录词看作一回事。对于大规模真实文本来说,未登录词对于分词精度的影响远远超过了歧义切分。

未登录词大致可以分为以下几种。

① 新出现的普通词汇:如博客、超女、恶搞、房奴、给力、奥特等,尤其在网络用语中这种词汇层出不穷。

② 专有名词:人名、地名和组织机构名这三类实体名称,再加上时间和数字表达。

③ 专业名词和研究领域名称:特定领域的专业名词和新出现的研究领域名称。

④ 其他专用名词:如新出现的产品名,电影、书籍等文艺作品的名称等。

2)中文分词的算法

(1)机械分词

机械分词是一种基于词典的分词算法,本质上就是字符串匹配。将待匹配的字符串基于一定的算法策略,和一个足够大的词典进行字符串匹配,如果匹配命中,则可以分词。根据不同的匹配策略,又分为正向最大匹配法、逆向最大匹配法、双向匹配法等。

① 正向最大匹配法:从左到右对语句进行匹配,匹配的词越长越好。例如,"商务处女干事",划分为"商务处/女干事",而不是"商务/处女/干事"。这种方式切分可能会导致歧义问题,如"结婚和尚未结婚的同事",会被划分为"结婚/和尚/未/结婚/的/同事"。

② 逆向最大匹配法:从右到左对语句进行匹配,同样也是匹配的词越长越好。比如"他从东经过我家",划分为"他/从/东/经过/我家"。这种方式同样也可能会存在歧义问题,如"他们昨日本应该回来",会被划分为"他们/昨/日本/应该/回来"。

③ 双向匹配法:同时采用正向最大匹配法和逆向最大匹配法,选择二者分词结果中词数较少者。但这种方式仍然难以避免歧义的产生,如"他将来上海",会被划分为"他/将来/上海"。由此可见,词数少也不一定划分就正确。

(2)统计分词

因为大规模语料的建立以及统计机器学习方法的研究与发展,基于统计的中文分词成为主流。统计分词的核心思想是:在上下文中,相邻的字同时出现的次数越多,就越有可能构成一个词。因此字与字相邻出现的概率或频率能较好地反映分词的可信度。可以对训练文本中相邻出现的各个字的组合的频度进行统计,计算它们之间的互现信息。互现信息体现了汉字之间结合关系的紧密程度。当紧密程度高于某一个阈值时,便可以认为此字组可能构成了一个词。统计分词又称为无字典分词。

统计分词可分为以下两种。

① 产生式统计分词:建立学习样本的生成模型,再利用模型对预测结果进行间接推理。

② 判别式统计分词:在有限样本条件下建立对于预测结果的判别函数,直接对预测结果进行判别,建模无须任何假设,采用由字构词的分词理念,将分词问题转换为判别式分类问题。

2. 词嵌入

分词之后,词还需要表示成算法容易理解的数值形式。在机器学习中,一个常见的方法是独热编码(one hot encoding)。例如,“我/喜欢/玩/篮球/和/足球/”这句话被分为 6 个词,其独热编码后的结果如表 5-2 所示。

表 5-2　词的独热编码结果

词	独热编码	词	独热编码
我	1, 0, 0, 0, 0, 0	篮球	0, 0, 0, 1, 0, 0
喜欢	0, 1, 0, 0, 0, 0	和	0, 0, 0, 0, 1, 0
玩	0, 0, 1, 0, 0, 0	足球	0, 0, 0, 0, 0, 1

虽然独热编码能实现词的数值化,但在自然语言处理场景中,有以下两个缺点:①维度高且稀疏,如果有 n 个词,最终的编码结果就是 n 维向量,且其中只有一位为 1;②无法捕获到词与词之间的相关性,如“篮球”与“足球”的相关性跟“篮球”与“喜欢”的相关性是一样的,无法体现出“篮球”和“足球”同属一类的内在特性。

为了解决这一问题,研究人员提出了词嵌入(word embedding),将词汇映射到低维的实数向量空间。词嵌入不仅显著降低了特征维度,提升了运算速度,而且可以通过向量间的距离体现词汇间的关联性。

仍以“我/喜欢/玩/篮球/和/足球/”为例,通过某种词嵌入算法,可以将这 6 个词映射到如图 5-31 所示的二维平面空间。向量间的距离,一定程度上体现了原始词汇间的联系。

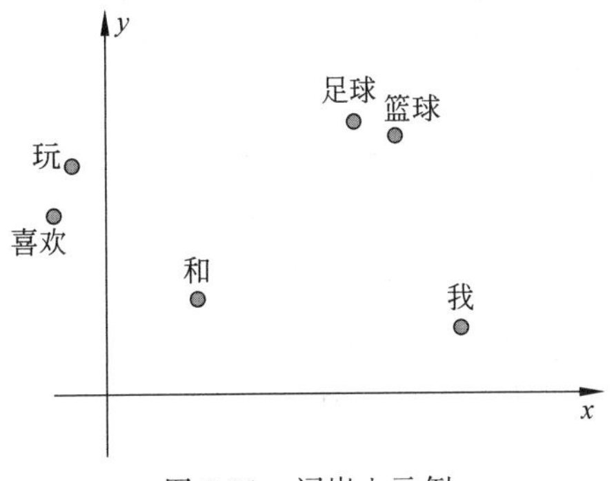

图 5-31　词嵌入示例

在实际应用中,我们很少针对自己的数据集专门训练一套词嵌入模型,而是直接采用预训练的词嵌入模型。所谓预训练的词嵌入,是指在一个任务中学习到的词嵌入模型,用于解决另一个类似的任务。通常,预训练的词嵌入是在大型数据集上训练得到的,相比于在自己的小数据集上收集的词汇,它们能够提高自然语言处理模型的性能。常用的英文预训练词嵌入模型有:word2vec 和 GloVe。常用的中文预训练词嵌入模型有:①由北京师范大学和中国人民大学推出的“中文词向量语料库”;②由腾讯 AI Lab 推出的“中文词汇/短语向量”。

素养提升

在自然语言处理中,词嵌入的结果也叫 token,它是文本中最小的语义单元。但 token 的概念以及数据 token 化的思想,可以延伸到图像、声音等其他领域,这也是当前火热的大模型的工作基础。比如,由国外公司 OpenAI 发布的 GPT 3/4 都是以 token 为单位。它们将文本转换为 token,然后预测接下来应该出现哪些 token。其中,GPT 4 不仅能看懂文字,也能看懂图片。

尽管大模型的能力惊艳四座,但关于它的使用却存在安全隐患。中国科学院院士何积丰曾指出,目前大模型的安全问题主要是隐私保护和价值观对齐。因此,我国出台了《生成式人工智能服务管理暂行办法》,规定大模型必须经过备案才能正式上线从而面向公众提供服务。国内首批经过备案的大模型包括:百度的文心一言、抖音的云雀大模型、商汤科技的日日新大模型、智谱 AI 的 GLM 大模型、百川智能的百川大模型、稀宇科技的 MiniMax-

ABAB 大模型、上海人工智能实验室的书生通用大模型、中科院的紫东太初大模型。

循环神经网络简介

5.3.3 循环神经网络简介

现实生活中的许多问题都具有时序性,要结合历史数据才能对当前时刻的状态做出判断。比如,当我们在理解一句话的意思时,只看这句话中的每个词是不够的,因为其中某些词跟前面的句子有关,我们需要记住前面的句子,前后联系起来才能正确理解。又如,当我们看视频的时候,我们也不能只看单独某一帧图像,而要将前后一段时间内的帧连起来,才能正确理解。

前面介绍过的全连接神经网络、卷积神经网络都只能根据当前的状态进行处理,不能很好地处理时序问题。为了应对这种内含时序特性的数据,迈克尔・乔丹(Michael Jordan)和杰夫・埃尔曼(Jeff Elman)分别于 1986 年和 1990 年提出循环神经网络(recurrent neural network, RNN)架构。

循环神经网络是一类以序列数据为输入,在序列的演进方向进行递归且所有节点(循环单元)按链式连接的递归神经网络,其结构如图 5-32 所示,计算过程可以用式(5-10)表达。

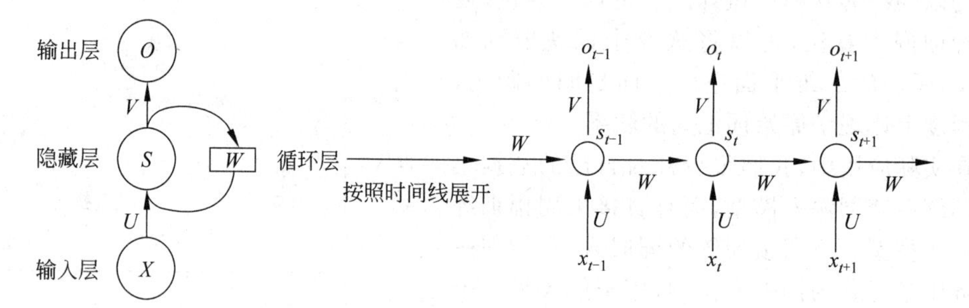

图 5-32 循环神经网络结构

从网络结构上看,循环神经网络隐藏层的输入不仅包括当前时刻的外部输入,还包括上一时刻的隐藏层状态。总之,循环神经网络会“记住”之前时刻的信息,并利用之前的信息影响后续时刻的输出。例如,已经向循环神经网络依次输入了“我/是/中国”三个词,那么网络应该通过已有的输入来预测下一个词最有可能是什么。通过对现有数据集的学习,预测是“人”的概率最大。

$$\begin{cases} O_t = g(V \cdot S_t) \\ S_t = f(U \cdot X_t + W \cdot S_{t-1}) \end{cases} \tag{5-10}$$

上述的循环神经网络是非常简单且基本的一种形式,此外常用的改进网络如下。

(1) 长短期记忆(long short term memory, LSTM)网络:LSTM 网络将 RNN 的隐藏层改良为具有三个门控结构的特殊网络结构,靠这些门控结构使信息有选择性地影响状态和输出。如果说 RNN 是想把所有信息都记住,无论是有用信息还是无用信息,那么 LSTM 就是具备了选择性记忆的功能,可以选择记忆重要信息,过滤噪声信息。相对于 RNN,LSTM 缓解了梯度消失、梯度爆炸、长距离依赖等问题,广泛应用于自然语言处理、视频处理、时间序列预测等场景。

(2) 门控循环单元(gated recurrent unit, GRU)网络:GRU 网络是 LSTM 的改进模

型,在 LSTM 网络基础上优化了门控结构,只使用两个门控单元。GRU 网络缓解了 LSTM 由于结构复杂导致的训练时间较长等问题。

5.3.4 循环神经网络的应用

循环神经网络的应用

RNN、LSTM 和 GRU 等网络的主要特点是能够处理时间序列数据,自动提取时间序列中的特征和模式,并进行序列性预测。它们具有内部状态或"记忆",可以在每个时间步接收输入并考虑先前时间步的信息。这种内部状态允许 RNN 等网络在处理时间序列数据时保持上下文信息,因此它们能够更好地捕捉时间相关性。

1. 应用场景

风能具有无污染、分布广、储量大等优良特性,是一种具有大规模开发潜力的可再生能源。但由于风的随机性较强,导致风电场的输出功率波动性较大。因此,为了保障风电场的稳定运行,并提升经济效益,风功率预测是不可或缺的一环。

风功率预测方法众多,可以分为直接预测、间接预测两大类。其中,直接预测是使用历史数据直接预测未来的输出功率;间接预测是先利用历史数据预测未来的风速,再利用风机的理论功率曲线,将风速预测转换为功率预测。

以 Kaggle 上的风速预测竞赛数据集为例,该数据集包含某地气象站从 1961 年 1 月 1 日到 1978 年 12 月 31 日的气象数据,每天记录 8 个不同的天气统计量,如气温、气压、湿度、风速等,时间间隔为 1 天。即每天的数据为 1 个样本,每个样本的特征维度为 8。部分样例数据如表 5-3 所示。

表 5-3 Kaggle 风速预测竞赛数据集(部分数据)

DATE	WIND	IND	RAIN	IND.1	T.MAX	IND.2	T.MIN	T.MIN.G
1961/1/1	13.67	0	0.2	0	9.5	0	3.7	−1
1961/1/2	11.5	0	5.1	0	7.2	0	4.2	1.1
1961/1/3	11.25	0	0.4	0	5.5	0	0.5	−0.5
1961/1/4	8.63	0	0.2	0	5.6	0	0.4	−3.2
1961/1/5	11.92	0	10.4	0	7.2	1	−1.5	−7.5

其中,DATE 是样本日期,WIND 是平均风速,RAIN 是降雨量,T.MAX 和 T.MIN 分别是每日最高温度和最低温度,T.MIN.G 是草地最低温度,IND、IND.1 和 IND.2 是三个没有给出具体含义的指标值。

2. 模型抽象

对于时间序列预测任务,可以使用循环神经网络系列模型。本案例使用 GRU,其模型结构如图 5-33 所示。x_t 代表 t 时刻(即当前时刻)的输入特征,h_{t-1} 代表 $t-1$ 时刻(即前一时刻)的隐藏层状态。GRU 内部经过一系列运算,决定了当前输入和历史隐藏层状态被更新传递下去和被丢弃的比重,最终得到 t 时刻的隐藏层状态 h_t。

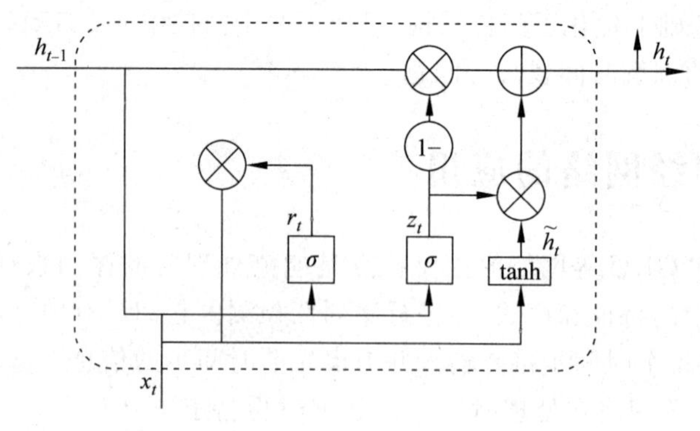

图 5-33　GRU 模型结构

3. 算法描述

应用 GRU 进行风速预测，主要包括以下步骤。

1）数据归一化

数据归一化是使用深度学习模型进行时间序列预测的必要预处理步骤。不同维度的特征往往具有不同的量纲，这会影响到数据分析的结果。为了消除指标之间的量纲影响，需要进行数据归一化处理。具体详见式(5-8)。

2）构建时序数据集

深度学习要求以(X,y)的形式组织一个样本，其中 X 为输入特征，y 为输出标签。在时间序列预测任务中，y 不仅是被预测的对象，其历史值也是 X 的构成部分。因此需要基于原始数据，构建时序数据集。对于如表 5-3 所示的 Kaggle 风速预测竞赛数据集，在任一日期，可以将历史风速作为一部分特征，其构建过程如图 5-34 所示。以 1961 年 1 月 3 日的样本为例，标签(待预测的风速)为 11.25，前两天的风速 13.67 和 11.5 作为特征的一部分。

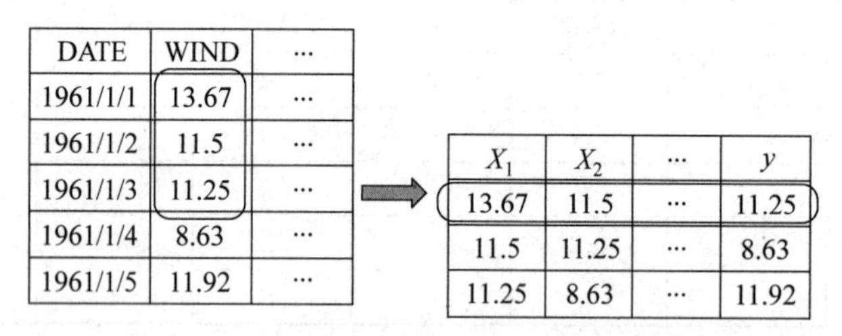

图 5-34　风速预测时序数据集构建过程

3）模型训练与验证

使用 Python 编程语言和 PyTorch 深度学习库进行模型搭建与训练，具体的数据、代码和执行过程，可参考对应的教学资源。

4. 结果呈现

模型训练完毕后，在测试集上执行预测，并与参考值进行对比，如图 5-35 所示。由图 5-35 可知，以历史风速为特征，基本上能够预测未来一个时刻点的风速走势。

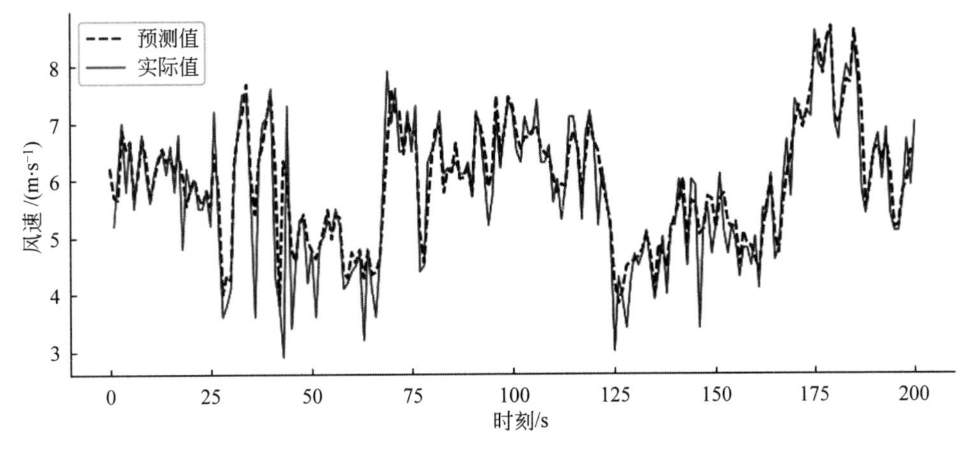

图 5-35　风速预测结果对比

素养提升

中国是世界上最古老、最先进的农耕区域之一，尽管古代社会生产力落后，古代中国人在长期的生产实践中，不断地观察、总结自然变化规律，创造了独特的阴阳合历即农历，以及能表达自然节律变化的“二十四节气”，为农业生产提供了有力保障。因此，农历也被誉为“中国的第五大发明”。

现今，在人工智能与大数据分析技术的加持下，气象预报模型不断推陈出新。2023 年，Google DeepMind 推出了一款基于机器学习的天气预测模型——GraphCast。它能达到全球 0.25°的经纬度空间分辨率，在一分钟内预测未来 10 天的数百个天气变量，显著优于传统气象预报方法，而且在预测极端事件方面同样表现良好。

同年，复旦大学人工智能创新孵化研究院推出了“伏羲”气象预测大模型，能够提供未来 15 天的全球预报，具有 6 小时的时间分辨率和 0.25°的空间分辨率，达到与欧洲中期天气预报中心(European Centre for Medium-Range Weather Forecasts，ECMWF)相当的预报效果。

5.4　习　　题

1. 简述神经网络的训练过程。
2. 卷积神经网络和循环神经网络分别侧重于解决哪些领域的问题？
3. 与全连接神经网络相比，卷积神经网络的结构差异主要体现在哪里？
4. 为什么循环神经网络及其后续的 LSTM、GRU 等网络能够“记住”历史输入？

模块 3

应 用 篇

第6章　图像分类

学习目标：

- 掌握图像分类的基本概念；
- 掌握基于人工智能技术的图像分类原理；
- 掌握人工智能技术解决图像分类问题的具体方法。

6.1　场景导入

在一个阳光明媚的下午，小明带着他的小侄子小强去动物园游玩。小强非常兴奋，他一直对各种动物充满好奇。他们一路走过狮虎兽舍、企鹅馆、猴山，小强兴奋地指着每一只动物问："这是什么？"小明也乐此不疲地回答他。然而，当他们走到一片开阔的鸟类园区时，小强被各种各样的鸟类给吸引住了。这些鸟类的形态、颜色各异，有的羽毛鲜艳，有的则淡雅朴素。小强瞪大了眼睛，好奇地问："叔叔，这些鸟都是什么啊？我都不认识。"

小明虽然对动物有一定的了解，但面对这么多形态各异的鸟类，他也有些力不从心。他试着回答了几个，但对于一些较为罕见或者形态特殊的鸟类，他也只能无奈地摇头。就在这个时候，小明突然想起了他手机上的一款 AI 图像分类应用。他赶紧打开应用，对着鸟类拍摄了几张照片。短短几秒钟后，应用就识别出了每一只鸟的名称，并提供了详细的介绍和图片，如图 6-1 所示。

图 6-1　AI 动物分类识别

小强看着手机上的信息，兴奋地跳了起来："哇！这个应用好厉害啊！我以后也要用这个应用认识更多的动物！"小明笑着摸了摸小强的头："是啊，现在的科技真是太发达了。有了这款 AI 图像分类应用,我们不仅可以轻松地认识各种动物,还可以学到很多有趣的知识呢。”

从此以后,小强对动物的兴趣更加浓厚了。他经常拿着手机到处拍摄动物的照片,然后通过 AI 图像分类应用来了解它们的信息。而小明也发现,这款应用不仅让小强学到了很多知识,还激发了他对自然和科技的好奇心。

AI 图像分类应用利用深度学习和计算机视觉技术,能够自动识别出图像中的物体,并给出相关的信息。AI 图像分类在现实生活中有着广泛的应用,不仅可以帮助我们识别动物,还可以帮助我们识别植物、建筑、商品等,如图 6-2 所示。在未来的日子里,随着技术的不断发展,AI 图像分类应用将会变得越来越强大,为我们的生活带来更多的便利和乐趣。

图 6-2　AI 图像分类识别

6.2 相关知识

图像分类是计算机视觉领域非常热门的技术,即给计算机一幅输入图片,计算机通过某些分类算法来判断这幅图像包含物体的类别,如是猫还是狗(见图 6-3),如果期望判别多种物体则称为多目标分类,一般而言所有的候选类别是预设的。例如,对于猫狗图像识别任务,则给出的图像分类结果只能是猫或者狗。通常,图像分类算法通过手工特征或者特征学习方法对整个图像进行全局描述,并依据图像特征图的不同语义信息进行分类。该技术广泛应用于人脸识别、手写文件或印刷识别、车辆识别等场景。图像分类是物体检测、图像分割、物体跟踪、行为分析、人脸识别等其他高层视觉任务的基础。需要注意的是,基本的图像分类任务并不要求给出物体所在位置,也不需要判断含有物体的数量。

相关知识

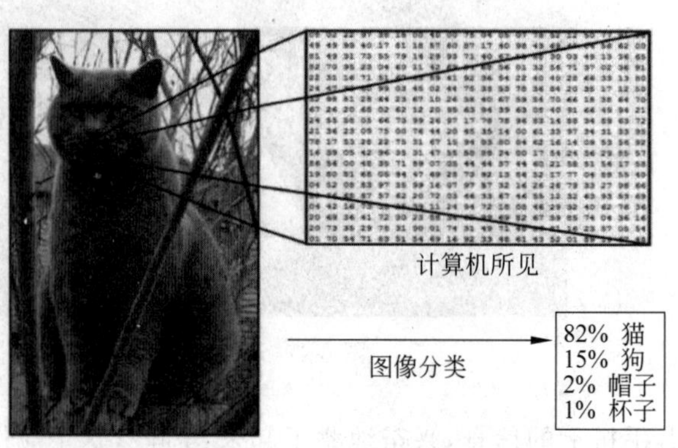

图 6-3　图像分类(图片来自 Google Images)

利用计算机进行图像分类的思想最早起源于 20 世纪 80 年代，最开始图像分类算法是基于传统的机器学习技术。从数学上描述，图片分类就是寻找一个函数，将图片像素值映射为类别。对人类而言，丰富的先验知识让我们可以下意识进行判断。但是对于计算机来说，如何根据抽象的像素数值判断其分类并不容易。在当时，比较典型的做法是先人工设计特征，再通过机器学习模型或浅层网络结构进行训练。特征的设计严重依赖经验和试验，研究人员提出了 HOG、SIF 等特征算子，但在图像分类上的准确率并不理想。虽在当时取得了一定的效果，但随着时间的推移和技术的进步，人们发现基于传统机器学习技术的图像分类算法难以处理庞大的图像数据，该技术的发展也一度陷入停滞状态。随着 2006 年深度学习重新进入大众视野，基于深度学习的图像分类算法也应运而生，突破了传统的机器学习算法难以处理大量图像数据的瓶颈，这也成了目前图像分类的主流算法。此后，图像分类技术持续高速地发展，并被运用于各个领域。在 2007 年，国内一批知名的科学家如董立岩、余肖生等人就将图像分类技术成功地运用在了医学领域。其中，董立岩等人利用贝叶斯分类器对尿沉渣图像进行分类。通过对 1500 张不同类别的样本图片进行分类识别，使准确率达到了 94%以上。而余肖生等人则通过 KNN 模型实现了对医学图像的自动分类，准确率达到了 85%。到了 2008 年，余肖生等人使用决策树算法，以徐州市的卫星图像数据为例对遥感图像进行分类，将图像分类技术成功运用到遥感领域，分类准确率达到了 95%。2010 年过后，图像分类技术更是呈现井喷式发展。在这期间，结构更复杂、层数更深的网络模型被相继发明，其中就包括在 2012 年由 Alex Krizhevsky① 等人提出的包含 7 层隐藏层的 AlexNet 网络模型和 2014 年 Szeggedy C② 等人设计的 GoogleNet 网络模型，在 ImageNet 数据集中使错误率有很大的降低。在 2015 年，何凯明等人提出了 ResNet 网络模型，进一步降低了在 ImageNet 数据集的错误率，达到了 3.6%，这已经低于人类平均的识别水平。围绕着加大网络深度提升预测效果、降低 CNN 卷积核参数量、提升模型效率等关键命题，研究人员不断地提出具有里程碑意义的模型，使图像分类准确率不断提高。一方面，从 2020 年起，在自然语言处理领域大放异彩的 Transformer 模型结构开始被引入图像分类任务中，并凭借其优异的表现迅速风靡世界。另一方面，在 CNN 时代，绝大部分模型均是建立在 ImageNet 数据集上，虽然这是个大规模的 1000 分类数据集，但仍具有其局限性。随着 Transformer 算法在视觉领域的快速发展，NLP 大模型中被广泛采用的自监督、弱监督学习也开始在图像分类领域发力，如 MAE(自监督)、SimCLR(对比学习)、CLIP(多模态)等相关技术极大地提高了图像分类的精度。

6.3 技术分析

1. 基于色彩特征的索引技术

色彩是物体表面的一种视觉特性，每种物体都有其特有的色彩特征，譬如人们说到绿色

① Alex Krizhevsky：亚历克斯·克里热夫斯基，杰弗里·辛顿的研究生，AlexNet 神经网络的建立者之一。

② Christian Szegedy：克里斯蒂安·塞格迪，马斯克旗下人工智能企业 xAI 团队成员。

往往是和树木或草原相关,谈到蓝色往往是和大海或蓝天相关,同一类物体往往有着相似的色彩特征,因此我们可以根据色彩特征来区分物体。用色彩特征进行图像分类可以追溯到 Swain 和 Ballard 提出的色彩直方图方法。由于色彩直方图具有简单且随图像的大小、旋转变化不敏感等特点,得到了研究人员的广泛关注,目前几乎所有基于内容分类的图像数据库系统都把色彩分类方法作为分类的一个重要手段,并提出了许多改进方法,归纳起来主要可以分为两类:全局色彩特征索引和局部色彩特征索引。

实际业务中,可以用来对生产线上的产品进行检测和分类。例如,可以使用颜色直方图来检测生产线上的产品颜色分布情况,以及使用颜色矩阵来分析产品的色调和亮度等特征。

2. 基于纹理的图像分类技术

常见的纹理特征包括灰度共生矩阵(GLCM)、局部二值模式(LBP)和高斯方向梯度直方图(HOG)等,这些纹理特征可以提取图像中的纹理信息,包括纹理的颗粒度、方向、周期性等,从而用于图像分类和识别。常规的解决方案包括以下几个步骤。

(1) 特征提取:使用纹理特征描述图像的纹理信息。灰度共生矩阵是一种描述灰度纹理特征的方法,它利用灰度级之间的空间关系来描述纹理信息。局部二值模式则是一种描述局部纹理特征的方法,它利用像素点周围的二进制编码来描述纹理信息。高斯方向梯度直方图则是一种描述方向纹理特征的方法,它利用图像梯度方向和梯度强度来描述纹理信息。

(2) 特征选择:对提取的纹理特征进行筛选和选择,如使用主成分分析(principal components analysis,PCA)、线性判别分析(linear discriminant analysis,LDA)等方法。

(3) 分类模型:选择合适的分类算法将提取的纹理特征与图像类别进行映射,如支持向量机(SVM)、*K* 近邻算法、决策树等算法。

纹理分析可以用于食品制造行业,以了解食品的质量或进行分类等。例如,硬糖、耐嚼的巧克力曲奇、脆饼干、黏稠的太妃糖、脆芹菜、嫩牛排等食物都含有多种纹理,可以使用基于纹理图像的方法进行分类。

3. 基于形状的图像分类技术

基于形状的图像分类技术是使用图像形状特征描述图像中的形状信息,常用的形状特征包括边缘特征、轮廓特征和区域特征等,这种分类技术可以应用于许多领域,如医学图像、工业检测和安防监控等。常规的解决方案包括以下几个步骤。

(1) 特征提取:使用形状特征描述图像中的形状信息。常用的形状特征包括边缘特征、轮廓特征和区域特征等。其中,边缘特征通常是指提取图像中的边缘信息,如 Canny 边缘检测算法。轮廓特征则是指提取图像中的轮廓信息,如 Hu 不变矩特征。区域特征则是指提取图像中的区域信息,如 Zernike 矩和小波矩等。

(2) 特征选择:对提取的形状特征进行筛选和选择。

(3) 分类模型:利用支持向量机(SVM)、*K* 近邻算法等将提取的形状特征与图像类别进行映射。

例如,在卷烟厂相关的应用中,这种技术可以用于对卷烟的形状信息进行检测和分类,如卷烟的长度、粗细和形态等。又如,可以使用轮廓特征和区域特征来描述卷烟的形状信息,然后使用分类器对不同形状的卷烟进行分类。这些方法可以帮助卷烟厂监控卷烟形状、质量,提高产品质量和生产效率。

4. 基于空间关系的图像分类技术

利用图像中不同区域之间的空间关系来描述和分类图像，这种方法通常用于场景分类、物体识别和图像标注等领域。常规的解决方案包括以下几个步骤。

（1）特征提取：提取图像中的区域特征，通常包括颜色、纹理、形状等特征。

（2）空间关系建模：根据提取的特征，对不同区域之间的空间关系进行建模，如使用关系图模型或基于视觉词袋模型的方法。

（3）分类模型：利用支持向量机(SVM)、卷积神经网络(CNN)等算法进行图像分类。

在实际应用中可以对卷烟生产过程中的不同区域和组件进行检测和分类，如卷烟的过滤嘴、烟膜和滤棒等。常用的解决方案是基于视觉单词的方法，即将图像中的每个区域表示为一组视觉单词，并通过计算视觉单词之间的空间关系来描述区域之间的空间关系。然后，可以使用分类器对不同区域进行分类，以实现卷烟生产过程中的自动化检测和分类。

5. 基于深度学习的图像分类技术

深度学习模型具有良好的特征提取能力，因此使用深度学习进行图像分类时，不需要人工进行特征提取，只需将数据进行简单的预处理后输入深度学习模型即可。常规的解决方案包括以下几个步骤。

（1）数据预处理：通过收集、整理和标注图像数据集，然后对其进行预处理。预处理包括图像的缩放、裁剪、灰度化、归一化等操作，以便于模型的训练。

（2）模型选择与构建：选择适合的深度学习模型架构，如卷积神经网络。根据具体的识别与分类需求设计模型结构，在模型中添加卷积层、池化层、全连接层等组件，并决定它们的数量和顺序。

（3）模型训练：使用预处理后的图像数据集进行模型训练。通过将图像输入模型，计算模型的输出结果，并与标注结果进行比较，通过反向传播算法优化模型参数。训练过程中需要选择合适的损失函数和优化器，以提高识别与分类的准确率。

（4）模型评估与调整：在模型训练完成后，使用测试集或交叉验证集对模型进行评估，计算识别与分类的准确率、召回率等指标。根据评估结果进行模型的调整和优化，如调整模型的参数、增加训练数据等。

（5）模型使用：经过训练和优化的模型可以用来进行图像的实际识别与分类任务。用户可以输入待识别的图像，模型会输出识别结果。此时，需要将图像进行与训练时相同的预处理操作，并使用训练好的模型进行预测。

6.4　应用案例

垃圾分类

6.4.1　垃圾分类

1. 场景分析

随着居民生活水平的不断提高和消费结构的多样化，日常生活垃圾产生数量急剧增加，全国许多城市正经历着“垃圾围城”和“垃圾围村”的烦恼。垃圾分类被认为是提高资源效率和保护环境的有效途径,作为一种管理措施在各地得到积极推广。但垃圾分类涉及种类繁多,居民自身垃圾分类意识不强,相关政策不完善,实施情况不容乐观。由于城市生活垃圾多数为多种废弃物的混合体,无论是采取卫生填埋、堆肥,还是采取焚烧的处理方式,都不能有效地解决生活垃圾所带来的问题。通过分类改变垃圾的混杂性是实现垃圾处理资源化、减量化、无害化的重要前提。传统的生活垃圾分类方法主要有筛分、重力分选、风力分选、浮力分选、磁力分选以及电力分选等,以上无论是哪种分选方法,人工分选都是不可或缺的一个环节,用于挑选这些传统分类方法无法识别的目标物,以及传统方法分类之后的进一步质量控制。人工垃圾分选存在劳动强度大、监督任务重、分选效率低和工作环境差等问题,急需智能化、自动化的分类方法来取代传统分类方法。

2. 检测方法选择

在垃圾图像分类早期研究中,大部分采用传统图像分类技术进行垃圾分类。主要原理是利用传统计算机视觉方法,手工提取图像中颜色和纹理特征并结合相应的分类器,以实现垃圾图像的前景与背景分离,达到对垃圾的识别。由于生活垃圾的产量不断增加、垃圾分类细致化,传统的图像分类技术无法满足目前的环境需求。随着 CNN 的快速发展,相关人员开始利用深度学习等技术对垃圾图像自动识别与分类。第一种是采用通用的深度学习经典模型进行分类,如 VGGNet、ResNet、DenseNet 等,或者基于这类模型进行一些改进。第二种是采用目标检测的方法,如采用 YOLO、LSSD 等算法。第三种可以采用卷积神经网络与迁移学习相结合的方法,主要是考虑到深度学习的性能提高需要依赖大量的训练数据集,与其他领域的大规模数据集(如 ImageNet 数据集)相比,当前公开的垃圾数据集数量和种类很少,有限地标注垃圾数据集已成为深度学习算法在垃圾图像分类中的应用瓶颈。因此,利用迁移学习来解决垃圾分类的小样本数据集问题。

3. 检测流程

以通用深度学习模型 ResNet 模型进行垃圾图片分类为例,其主要流程包括以下几个方面。

(1) 数据集准备:目前,我国尚未有可用于研究的、具有自主知识产权的、可利用的、可应用于实际生活中的垃圾图像数据集,且数据集十分有限。2020 年深圳举办“华为云人工智能大赛·垃圾分类挑战杯”数据应用创新大赛发布了一组生活垃圾图像数据集,该数据集有 4 个大类和 44 个小类,总计 14964 张图像,数据集的数据结构是标准的 VOC 格式,如图 6-4 所示。此外也可以自行拍摄一些图片进行相应标记、整理,制作自己的数据集。

(2) 数据增强:针对垃圾图片样本量少而导致训练模型识别精度低的问题,可以对样本数据进行增强处理,其思路就是对已有的样本图片进行旋转、缩放、裁剪、翻转等操作,扩充样本图片的数量,原图和经过处理后的图像如图 6-5 所示。

(3) 模型构建:ResNet 的网络结构如图 6-6 所示,其最大的特点是在进行特征提取时,直接将输入信息绕道传到输出端,极大地增加网络深度,从最初的十几层增加到后来的 150 多层,并且不会产生过拟合现象。

(4) 模型训练:定义训练参数,开始训练,并将最优的模型参数保存起来。

图 6-4 垃圾分类数据集

图 6-5 原图和经过处理后的图像

（5）模型应用：输入一张拍摄的垃圾图片，利用模型进行结果预测，给出分类结果。

素养提升

我国每年使用塑料快餐盒达40亿个，方便面碗5亿～7亿个，一次性筷子数十亿双，这些占生活垃圾的8%～15%。1吨废塑料可回炼600千克的柴油，回收1500吨废纸，可免于砍伐用于生产1200吨纸的林木。一吨易拉罐熔化后能结成一吨很好的铝块，可少采20吨铝矿。生活垃圾中有30%～40%可以回收利用，应珍惜这个小本大利的资源。大家也可以利用易拉罐制作笔盒，既环保，又节约资源。而且，垃圾中的其他物质也能转换为资源，如食品、草木和织物可以堆肥，生产有机肥料；垃圾焚烧可以发电、供热或制冷；砖瓦、灰土可以加

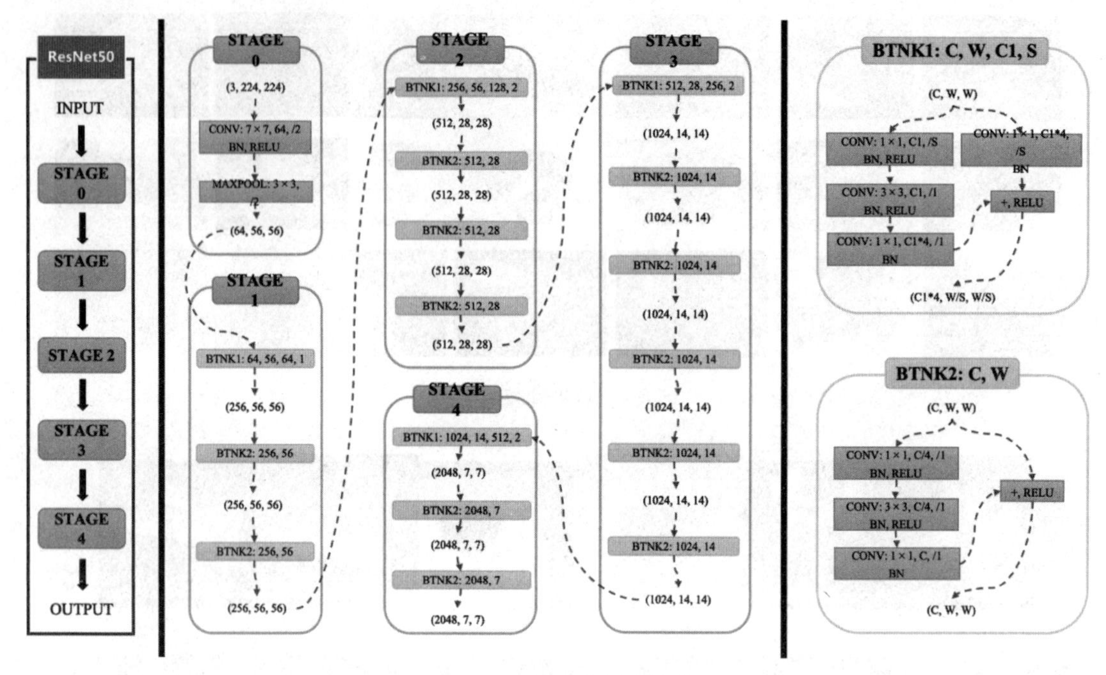

图 6-6　ResNet 的网络结构

工成建材等。各种固体废弃物混合在一起是垃圾,分开就是资源。如果能充分挖掘回收生活垃圾中蕴含的资源潜力,仅北京每年就可获得 11 亿元的经济效益。可见,消费环节产生的垃圾如果及时进行分类,回收再利用是解决垃圾问题的最好途径。

6.4.2　野生动物识别与分类

1. 场景分析

野生动物资源是生物资源的重要组成部分,但全球野生动物数量在不到 50 年内减少了 68%。野生动物监测对于野生动物保护和生态系统维护至关重要,而野生动物的检测与识别是实现监测的核心技术。野生动物监测方法主要分为接触式法与非接触式法。接触式法是指在监测过程中人会与野生动物产生接触,该类方法主要包括人工调查法(包括诱捕计数法、集群计数法等)和全球定位系统(global positioning system,GPS)项圈技术;非接触法主要包括基于声音检测的方法与基于影像分析的方法。人工调查法是一种传统的调查方法,通过样线、样方调查等方法搜集动物实体或动物出现过的证据,由于多数动物善于奔走,活动隐秘性高,往往需要投入大量的人力才能保证结果的可靠性。另外,大规模的人力调查不可避免地会干扰动物的正常生活,而且给动物佩戴 GPS 项圈难免会对动物的生活造成一定影响。基于影像的野生动物监测具有全天候监测、成本较低且信息量大等明显优势。近年来,随着计算机视觉、机器学习和深度学习等技术的快速发展,基于图像的野生动物检测方法逐渐被应用。

2. 分类方法

野外监测图像存在复杂背景、遮挡情况不明、野生动物位置和大小不定、不同物种图像数量不均以及视觉特征相似等问题，给野生动物的检测与识别带来了困难。

1）基于机器学习的方法

基于图像的野生动物检测与识别最关键的步骤是特征的提取，常用的特征包括灰度分布直方图、HSV 颜色分量、几何特征、边缘特征、SIFT（scale-invariant feature transform）、CLBP（compound local binary pattern）、HOC（histogram of colors）和 Haar-like 等低层特征及 BoVW（bag-of-visual-words）、HOG（histogram of oriented gradients）等中层特征以及基于卷积神经网络的高层特征。训练阶段需要将一定数量带有标注的图像输入模型中。首先利用 SIFT、HOG 等提取图像的低、中层特征，再利用 BoVW、LDA（linear discriminant analysis）等特征处理方法提取更高层次的特征，然后进一步将特征输入分类器中，最后通过将分类器输出结果与标签对比来训练分类器，常用的分类器有 SVM、RF 和 AdaBoost 等算法。算法整体框架如图 6-7 所示。

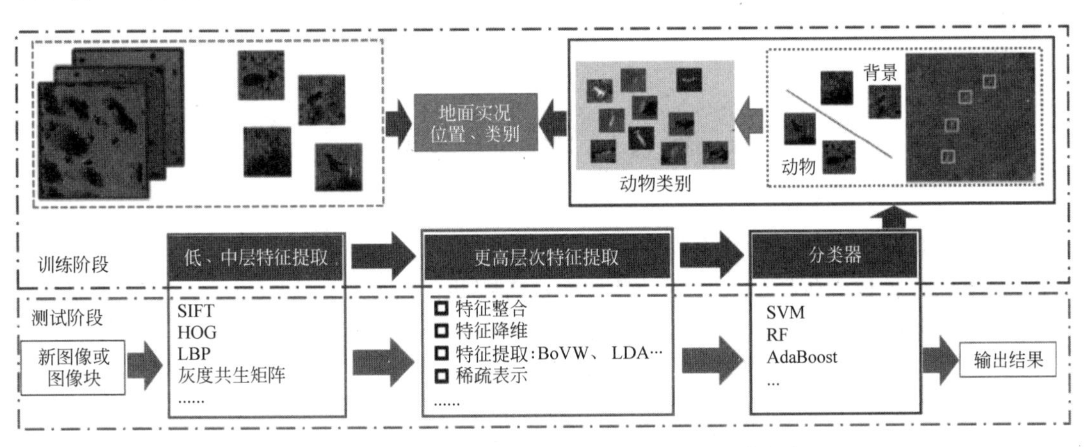

图 6-7 基于机器学习的野生动物识别算法整体框架

2）基于深度学习的方法

图像中野生动物监测系统获取的图像通常含有较多的背景区域，直接对这些图像进行分类的精度并不理想。针对复杂背景环境的影响，为提高分类精度，一方面，可以先采用特征提取的方法来截取包含野生动物的感兴趣区域（region of interest，ROI），如 RPN（region proposal network）、GA-RPN（region proposal by guided anchoring）和 Adaptive-RPN 等算法。另一方面，通过目标检测算法对野生动物进行检测、分割，最后可以使用 ResNet、Inception V3 等模型进行分类，算法流程如图 6-8 所示。

素养提升

在过去的几十年里，世界各地携手推进的野生动物保护工作拯救了数十种美丽的物种。2020 年的一项研究估计，自 1993 年《生物多样性公约》生效起实施的保护工作避免了 28～48 种鸟类和哺乳动物物种的灭绝。如果没有保护工作，过去 20 年的物种灭绝速度至少会快 3～4 倍。当然，这并不意味着这些物种已经脱离危险，很多物种仍处于极度濒危、濒危和脆弱

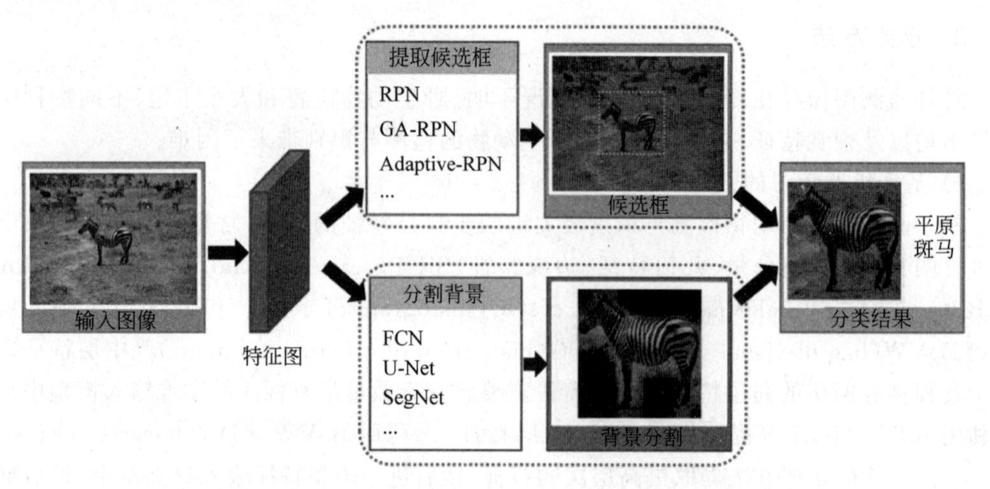

图 6-8 基于感兴趣区域的野生动物分类与识别算法流程

类别中。但这些成绩至少说明,只要付出脚踏实地的行动,保护全球的野生动物绝非不可能。

6.5 习 题

1. 什么是图像分类?为什么需要采用人工智能技术进行图像分类?
2. 图像分类技术包括哪些?每一种技术都有哪些优点?
3. 利用深度学习进行图像分类包括哪些步骤?每一步需要注意什么?

第 7 章　目标检测与图像分割

学习目标：

- 掌握目标检测的基本原理和应用场景；
- 掌握图像分割的基本原理和应用场景；
- 掌握目标检测与图像分割技术解决特定问题的具体方法。

7.1　场 景 导 入

在繁忙的动车站，每天都有成千上万的旅客进进出出。为了保证旅客的安全，动车站配备了先进的安全监控系统。在这个监控系统中，AI 目标检测技术发挥着至关重要的作用。它通过安装在各个角落的高清摄像头，实时监测着车站内的各种动态。一旦发现异常情况，系统就会立即发出警报，并自动追踪异常目标。

有一天，监控中心的值班人员小张正在密切关注着大屏幕上的各个监控画面。突然，一个画面中出现了异常情况。一名男子在安检区翻越了栏杆，试图逃避安检人员的检查。小张立即按下报警按钮，并向安检人员发送了警报信息。在 AI 目标检测系统的帮助下，安检人员迅速锁定了该男子的位置，并采取了行动。他们上前拦住了该男子，并进行了详细的检查。经过核实，该男子确实携带有违禁物品。这次事件让动车站的管理层对 AI 目标检测系统更加信任。他们深知，正是这个系统及时地发现了异常情况，才避免了潜在的安全隐患。

为了进一步加强车站的安全管理，动车站的管理层决定升级 AI 目标检测系统，提高其准确性和实时性。同时，他们还加强了与各部门的协作，确保在发现异常情况时能够迅速、有效地采取行动。

在 AI 目标检测系统的守护下，动车站变得更加安全，旅客的出行也更加安心，这项技术已经逐步成为动车站现代化管理和安全保障的重要标志。

7.2　相 关 知 识

相关知识

目标检测的任务是在一幅图像或视频中找到目标类别以及目标位置。与图像分类不同，目标检测侧重于物体搜索，被检测目标必须有固定的形状和轮廓。目标检测涉及识别各种子图像并且围绕每个识别的子图像周围绘制一个边界框，如图 7-1 所示。

通俗来说,就是为图像中的对象画框,而图像分类的对象可以是任意目标,包括物体、属性和场景等。目标检测已在人脸识别和自动驾驶领域取得了非常显著的效果。

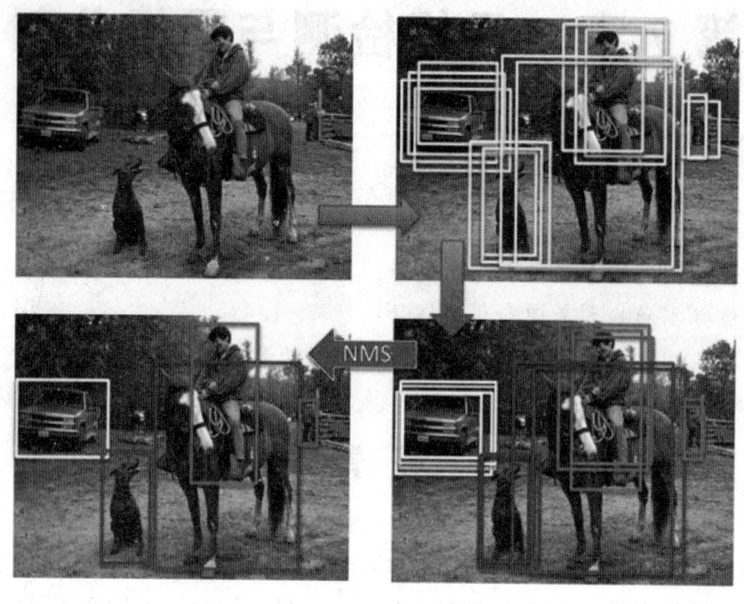

图 7-1　图像目标检测

对于人类来说,目标检测是一个非常简单的任务。然而,计算机能够“看到”的是图像被编码之后的数字,很难理解图像或视频帧中出现了人或物体这样的高层语义概念,也就更加难以定位目标出现在图像中哪个区域。与此同时,由于目标会出现在图像或视频帧中的任何位置,目标的形态千变万化,图像或视频帧的背景千差万别,诸多因素都使目标检测对计算机来说是一个具有挑战性的问题。

与分类相比,目标检测问题要稍微复杂一点,它必须对图像进行更多的操作和处理。RCNN 是局部卷积神经网络,它使用一种称为候选区域生成网络(region proposal network, RPN)的技术,实际上是将图像中需要处理和分类的区域局部化。后来 RCNN 经过调整,效率得以调高,现在称为 Faster R-CNN,这是一种用作候选区域的一部分用以生成局部的卷积神经网络。

图像语义分割任务需要对图像中的所有像素点进行分类,将相同类别的像素归为相同的标签(常采用相同的像素点表示)。需要特别注意的是,语义分割是在像素级别进行的。如图 7-2 所示,分别采用不同的颜色对街道、车辆、树木和行人等进行标注,即进行了语义级别的分割。

图像分割或实例分割包括对现有目标和精确边界的图像进行分割,是指将数字图像细分为多个图像子区域(像素的集合,也被称作超像素)的过程,如图 7-3 所示。相比于语义分割,实例分割不仅需要将图像中所有像素进行分类,还需要区分相同类别中的不同个体。比如,语义分割只需要将图 7-3 中的所有猫的像素进行归类,而实例分割需要将猫这一类中单独的个体进行像素分类。实例分割是将不同类型的实例进行分类。比如,用 5 种不同颜色来标记 5 辆汽车。分割实例时,会看到多个重叠物体和不同背景的复杂景象,我们不仅需要对这些不同的对象进行分类,而且要确定对象的边界、差异和彼此之间的关系。这样图像分

图 7-2　图像语义分割

割的目的是简化或改变图像的表示形式，使图像更容易被理解和分析。

图 7-3　图像实例分割

图像分割使用了一种叫作 Mask R-CNN 的技术。微软、Facebook 和 Mighty AI 联合发布了这个称为 COCO 的数据集，它与 ImageNet 很相似，但它主要用于分割和检测。

当前图像识别技术应用于实践时，更像是盲人的导盲犬，用来充当盲人行动时的眼睛。预测在不久的将来，基于人工智能算法的图像识别技术可能实现和其他人工智能技术的有效融合，从而转变为人类全职管家，且无须人类做出任何的行动，便能够轻而易举地将所有事情完成。在时代发展中，图像识别技术核心算法也会随之更新迭代，进而满足各行各业发展需求。无论识别对象怎样变化,图像识别模型均可以将其本质及内涵准确捕捉到,使识别有效且精确。例如,在医学领域,除了将图像识别技术应用于临床医学、基础医学等环节以外,它还会更深层次地渗透到医疗各个领域。与此同时,在人们日益提高的生活环境下,重、危、杂、繁的体力劳动将逐渐由智能机器人取代,而机器人应用的范围也将会越来越广,工业生产以及家庭生活中高智能机器人视觉便成了关键所在。在视频监控中,传统的监控要求人通过电视屏幕获取相关的信息(这需要人保持高度的警惕性),进而借助经验判断视频内容,获取结论。该方法极易使人产生疲劳感,视觉往往受到较大的局限性,如注意力不集中等,这在很大程度上降低了监控效果。而在人工智能算法帮助下,计算机不仅能够自行分析及预判视频内容,而且在发生异常时可快速做出反应,开启报警装置,这样其效率以及准确性会得到很大的提高。

随着科学技术发展的速度加快,在人工智能算法的支持下,图像识别技术会越来越完善,应用的范围会越来越广,受关注度也会越来越高。在社会的不断进步中,以人工智能算法为基础的图像识别技术会逐渐向着创新方向发展。神经网络、非线性降维以及模式识别技术的优化与改进,会继续在各行各业发挥其价值与作用,并为人类生产、生活提供更多的便利性。在不久的将来,图像识别技术会结合用户需求,做到人性化,并不断拓展其发展空间,其社会应用效果也会大幅度提升。

素养提升

比亚迪汽车的智能网联系统是打通“硬件、软件、生态、手机端”四维一体的智能座舱,以用户为中心,贴近用户需求,深化车机控制体验,给用户提供的不仅是黑科技,更是暖科技。全球首创的智能旋转屏幕、100%兼容手机生态,赋予智能座舱更丰富的内容。强大的云服务功能、千里眼、远程高温消毒杀菌等让更多功能可以在手机端实现。“更智能、更高效、更人性”的无限畅享智能座舱,凭借5G技术、全新UI等行业领先的产品实力,配合同期推出的HiFi级定制丹拿音响,解锁更多用车场景,让用户充分享受比亚迪DiLink带来的潮酷智趣生活。以机器视觉为主题的智能元素在比亚迪新能源汽车上充分体现。

7.3 技术分析

1. 目标检测算法

主流目标检测算法大致分为one-stage与two-stage两类。前者是单阶段目标检测器,这类方法一次性完成目标定位和分类,通常使用密集的滑动窗口或锚框(anchor box)进行检测。YOLO(you only look once)和SSD(single shot multibox detector)是代表性的单阶段检测器。

2015年Redmon等提出了基于回归的目标检测算法YOLO,其直接使用一个卷积神经网络实现整个检测过程,创造性地将候选区和对象识别两个阶段合二为一,采用了预定义的候选区,将图片划分为 $S \times S$ 个网格,每个网格允许预测出2个边框。对于每个网格,YOLO都会预测出B个边界框,而每个边界框YOLO都会预测出5个值,其中4个代表边界框的位置,还有一个代表框的置信值。

YOLO 的网络结构如图 7-4 所示，其中，卷积层用来提取特征，全连接层用来进行分类和预测。网络结构是受 GoogLeNet 的启发，把 GoogLeNet 的 inception 层替换成 1×1 和 3×3 的卷积。最终，整个网络包括 24 个卷积层和 2 个全连接层，其中卷积层的前 20 层是修改后的 GoogLeNet。网络经过最后一个 FC 层得到一个 1470×1 的输出(7×7×30 的一个张量)，即最终每个网格都有一个 30 维的输出，代表预测结果。YOLO 算法具有结构简单、速度快、泛化能力强等优点。

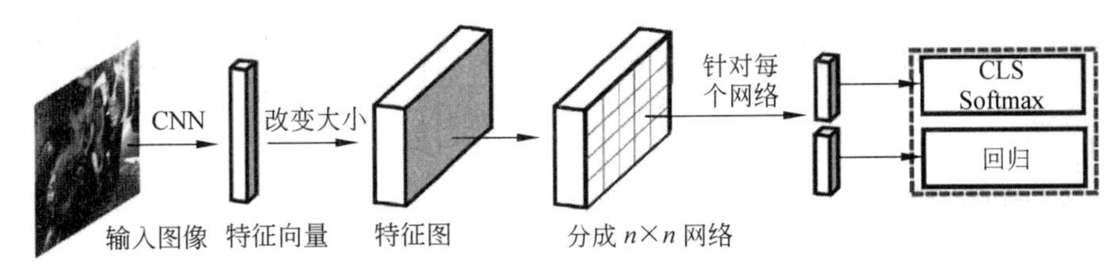

图 7-4　YOLO 的网络结构

SSD 算法是对 YOLO 算法的改进，其网络结构如图 7-5 所示。SSD 最主要的贡献是引入了基于多尺度特征图的检测策略，显著提升了算法的性能，尤其是在小目标检测方面，相比 YOLO 有了明显的改善，在 VOC2007 数据集上，mAP 达到了 76.8%。

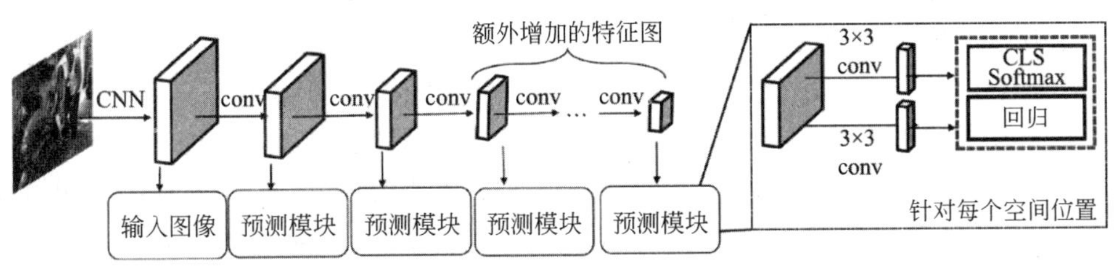

图 7-5　SSD 算法的网络结构

R-CNN 可以说是具有革命性的目标检测算法，后续两阶段目标检测器的思想基本上都是根据 R-CNN 的算法原理衍生出来的。如图 7-6 所示，R-CNN 训练过程可以分为四步，首先利用选择搜索算法提取候选区域，接着将候选区域缩放到固定大小，然后进入卷积神经网络提取特征，随后将提取的特征向量送入 SVM 分类器以得到候选区域目标的类别信息，最后送入全连接网络进行回归以得到位置信息。

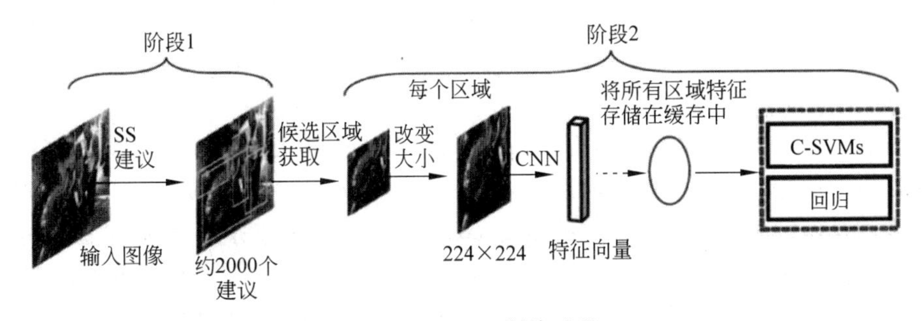

图 7-6　R-CNN 训练过程

Faster R-CNN 的整个流程如图 7-7 所示，先对图像进行卷积以提取特征，然后进入

RPN 层得到候选区域,最后全连接层进行分类和回归。整个流程从图像特征提取、候选区域获取、分类和回归都在神经网络中进行,且整个网络流程都能共享卷积神经网络提取的特征信息,提高了算法的速度和准确率,从而实现了两阶段模型的深度。Faster R-CNN 在 PASCAL VOC 2007 和 2012 上的 mAP 分别为 73.2%和 70.4%,检测速度达到 5fps。

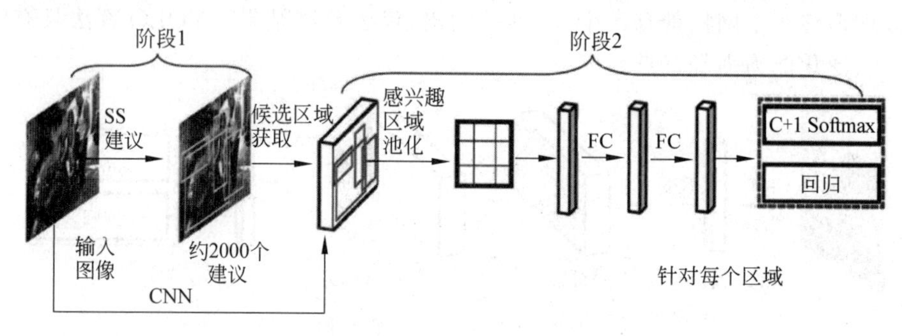

图 7-7　Faster R-CNN 的整个流程

2. 图像分割算法

1）基于阈值的图像分割方法

基于阈值的图像分割方法实质是通过设定不同的灰度阈值,对图像灰度直方图进行分类,灰度值在同一个灰度范围内的像素被认为属于同一类并具有一定相似性,该类方法是一种常用的灰度图像分割方法。该类方法通常只考虑像素自身的灰度值,未考虑图像的语义、空间等特征信息,且易受噪声影响,对于复杂的图像,阈值分割的效果并不理想。因此,在实际的分割操作中,基于阈值的分割方法通常作为预处理方法或与其他分割方法结合使用。

2）基于边缘的图像分割方法

在图像中若某个像素点与相邻像素点的灰度值差异较大,则认为该像素点可能处于边界处。若能检测出这些边界处的像素点,并将它们连接起来,就可形成边缘轮廓,从而将图像划分成不同的区域。

3）基于聚类的图像分割方法

基于聚类的图像分割方法将具有特征相似性的像素点聚集到同一区域,反复迭代聚类结果至收敛,最终将所有像素点聚集到几个不同的类别中,完成图像区域的划分,从而实现分割。

4）基于深度学习的分割方法

传统图像分割方法大多利用图像的表层信息,对于需要大量语义信息的分割任务则不适用,无法应对实际的需求。随着深度学习的发展及引入,计算机视觉领域借此取得了突破性进展,卷积神经网络成为图像处理的重要手段,将其引入图像分割领域,可以充分利用图像的语义信息,实现图像的语义分割。为应对图像分割场景日益复杂化的挑战,一系列基于深度学习的图像语义分割方法被提出,如 FCN、PSPNet、DeepLab、Mask R-CNN 等,实现了更加精准且高效的分割,使图像分割的应用范围得到了进一步的拓宽。

7.4 应用案例

钢筋条数检测

7.4.1 钢筋条数检测

1. 场景分析

钢筋数量统计是钢材生产、销售过程及建筑施工过程中的重要环节。目前,工地现场是采用人工计数的方式对进场的车辆装载的钢筋进行计数,如图 7-8 所示,验收人员需要对车上的钢筋进行现场人工点根,在对钢筋进行打捆后,通过不同颜色的标记来区分钢筋是否已计数,在确认数量后钢筋车才能完成进场卸货,这种人工计数的方式不仅浪费大量的时间和精力、效率低下,并且工人长时间高强度的工作使其视觉和大脑很容易出现疲劳,导致计数误差大大增加,人工计数已经不能满足钢筋生产厂家自动化生产和工地现场物料盘点精准性的需求,这种现状促使钢筋数量统计向着智能化方向发展。在钢筋数量统计这个场景中,主要存在以下几个方面的困难。

图 7-8 采用人工计数的方式对钢筋进行计数

(1) 精度要求高。钢筋本身价格较昂贵,且在实际使用中数量很大,误检和漏检都需要人工在大量的标记点中找出,所以需要精度非常高才能保证验收人员的使用体验。

(2) 钢筋尺寸不一。钢筋的直径变化范围较大(12~32mm)且截面形状不规则、颜色不一,拍摄的角度、距离以及光照等也不完全受控,可能出现局部遮挡等情况,这也导致传统算法在实际使用过程中的效果很难稳定。

(3) 识别边界难以区分。一辆钢筋车一次会运输很多捆钢筋,如果直接全部处理会存在边缘角度差、遮挡等问题,效果不好,目前在用单捆处理+最后合计的流程,这样的处理过程需要对捆间进行分割或者对最终结果进行去重,难度较大。

(4) 人力资源消耗大。对直条钢筋数量进行统计,一般会使用不同颜色的粉笔或染料等进行标记,把点过数的钢筋和没点过的区分开。但由于存在钢筋直径不一、整捆钢筋横截面不整齐的情况,清点一车钢筋一般需要半小时左右,遇到小直径的钢筋时耗时更长。同时清点数量还需要分包、项目、厂家三方进行校验,往往只要一方点数结果不一致,就需要重点,多次重复清点耗时耗力。

通过人工智能技术识别种类、数量、粗细等,可以得出钢筋的真实用量和用料,实现精细化管理,既快速高效,又能将建筑施工人员从这项枯燥繁重且无技术含量的工作中解脱出来,大幅提升建筑行业关键物料的进场效率和盘点准确性。

2. 检测方法选择

利用人工智能技术来检测钢筋条数就是利用目标检测技术识别图片中的钢筋并对数量进行统计。目标检测是对图像分类任务的进一步加深,目标检测不仅要识别出图片中各种类别的目标,还要将目标的位置找出来并用矩形框框住。如图 7-9 所示为利用人工智能检测、识别钢筋并进行标注。

图 7-9 利用人工智能检测、识别钢筋并进行标注

目前常用的目标检测算法主要分为两类:一类是 two-stage 方法,如 R-CNN 系列算法,其主要思路是先通过启发式方法或者 CNN 网络产生一系列稀疏的候选框,然后对这些候选框进行分类与回归。two-stage 方法的优势是准确度高,缺点是计算量比较大,检测速度较慢。另一类是 one-stage 方法,如 YOLO 和 SSD,其主要思路是均匀地在图片的不同位置进行密集抽样,抽样时可以采用不同尺度和长宽比,然后利用 CNN 提取特征后直接进行分类与回归。整个过程只需要一步,所以其优势是速度快,但是均匀密集采样的一个主要缺点是训练比较困难,这主要是因为正样本与负样本(背景)极其不均衡,导致模型准确度稍低。由于钢筋计数任务的数据集规模较小且仅有一类检测目标(钢筋),为降低模型训练难度,防止模型出现过拟合,可以选择模型较小的 YOLO 算法。

3. 检测流程

(1) 数据集准备:可以使用现场手机拍摄、采集钢筋数据。当钢筋车辆进库时,使用手机拍摄成捆钢筋的截面,拍摄时要注意保证使用较小倾角,且尽量保证垂直于钢筋截面拍摄。图片会包含直径为 12～32mm 等不同规格的钢筋。

(2) 数据集标注:为了使模型能够进行训练,需要对原图进行标注,如图 7-10 所示。

(3) 模型构建:YOLO 算法是将目标检测问题转换为回归问题,使用回归的思想,对给定输入图像,直接在图像的多个位置上回归出这个位置的目标边框以及目标类别。给定一个输入图像,将其划分为 $S \times S$ 的网格,如果某目标的中心落于网格中,则该网格负责预测该目标。对于每一个网格,预测 B 个边界框及边界框的置信度,包含边界框含有目标的可能性大小和边界框的准确性,此外对于每个网格还需预测在多个类别上的概率。在完成目标窗口的预测之后,根据阈值去除可能性比较低的目标窗口,最后用 NMS(non-maximum

图 7-10　原图和对应的标注图

suppression，非极大值抑制）技术去除冗余窗口即可，整个过程非常简单，不需要中间的候选框生成网络，直接回归便完成了位置和类别的判定。

（4）模型训练：定义训练参数，开始训练，并将最优的模型参数保存起来。

（5）模型应用：输入一张拍摄的钢筋图片，利用模型进行结果预测，输出每根钢筋的位置和钢筋总条数。如图 7-11 所示为利用人工智能识别出目标钢筋面。

图 7-11　利用人工智能识别出目标钢筋面

7.4.2　心脏磁共振图像右心室自动分割

1. 场景分析

心脏是我们身体内的一个重要器官，拥有一个健康、稳定工作的心脏是我们探索、创造和感知世界的必要条件。然而，各种各样的心脏类疾病严重威胁着许多人的生命。为了有效治疗和预防这些疾病，精准计算、建模和分析整个心脏结构对于医学领域的研究和应用至关重要。在心脏分割问题中，通常按结构将心脏分成几个标注区域。例如，以 MM-WHS 数据库为例，有左心室血腔、左心室心肌、右心室血腔、左心房血腔、右心房血腔、升主动脉、肺动脉。这些区域由于本身的特性，其难易程度和分割手段也存在不同。通常来讲，普适性的心脏分割算法能够实现基本的区域分割，但是要实现精准分割还是需要对单独区域进行单独处理。相对而言，右心室(right ventricle，RV)的分割难度更大，主要存在以下两个难点。

（1）区域本身的困难。右心室在腔内存在与心肌相似的信号强度，其新月形形状复杂，从基部到顶点一直变化，分割顶点图像的切片十分困难。另外患者的心室内形态和信号强度差异大，且可能有病理改变。简单来讲，左心室是一个厚壁的圆柱形区域，而右心室是一个不规则形状的物体，较薄的心室壁有时会与周围的组织混在一起，如图 7-12 所示为右心室的 MRI(nuclear magnetic resonance，核磁共振)图片。

（2）数据库获取的困难。对基于深度学习的医学图像分割方法而言，数据库的获取是

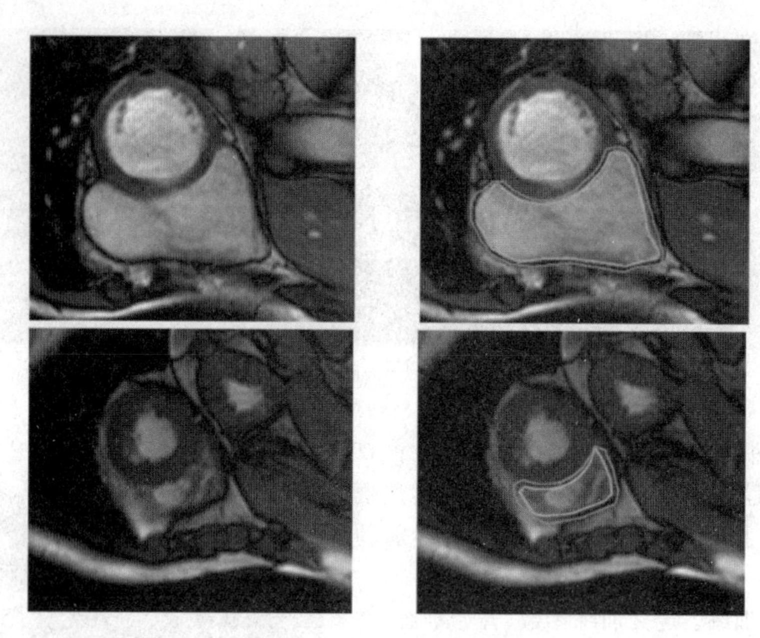

图 7-12　右心室的 MRI 图片

最主要的困难。通常,相对大规模数据库的图片规模为几千张图片,其中已标注的通常只有几百张,患者个体数就更少了,而小一点规模的数据集则远远小于这个数量。这种体量的数据库对于无监督或弱监督网络也许够用,但是对于有监督网络的训练而言是远远不够的。

2. 检测方法选择

常用的经典图像分割方法主要包括活动轮廓模型、动态规划模型和图割等,这些传统的右心室分割方法往往需要手动介入或者预定义约束条件,受数据影响较大,且不能实时分割。人工神经网络可以很好地解决复杂的非线性问题,能快速准确地提取特征并进行学习,近年来被广泛应用于模式识别、图像分类、语义分割等各个领域。在心脏磁共振电影短轴图像分割任务中,基于人工神经网络的深度学习可以克服上述心室分割方法中普遍存在的计算速度慢、依赖手工交互、效率低、泛化性较差等限制,通过已有的数据库进行训练学习与参数调整,有效提取心脏特征,实现更加精确的分割与分析。常用的分割模型有 FCN、U-Net 等。使用 FCN 模型来进行心脏影像自动分割时,其输入图像的大小不受限制,通过卷积、池化进行特征提取,避免了手动特征选取的复杂性;并且通过上采样恢复原图大小,可以实现端到端、像素到像素的训练,提高了计算速度与效率,不足的地方是缺乏空间一致性。U-Net 网络框架最早由 Ronneberger 等提出,此模型能在小样本分割中取得较为精确的结果,被广泛应用于医学图像分割。许多研究者在 U-Net 基础上提出了许多修改版本,也取得了较好的效果。

3. 训练与检测过程

利用深度学习网络模型实现自动右心室分割的流程图如图 7-13 所示,主要包含三个步骤,即数据集准备与预处理、U-Net 网络模型的搭建与训练、数据集预测分割应用。

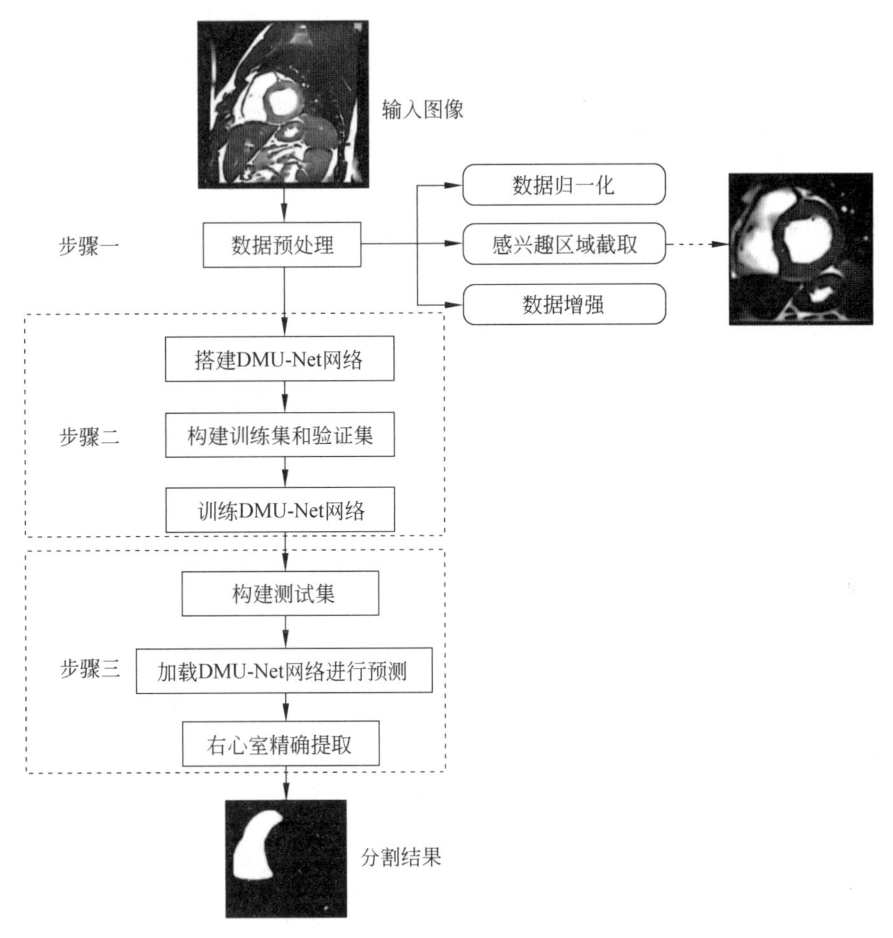

图 7-13　利用深度学习网络模型实现自动右心室分割的流程图

(1) 数据集准备与预处理：随机选取病人的心脏磁共振电影短轴图像，注意所有数据均需符合伦理要求。然后由专门从事心脏研究的影像科医生手动勾画舒张末期与收缩末期的 RV 轮廓作为金标准，如图 7-14 所示的是舒张末期的原始图像及其金标准。不同的心脏

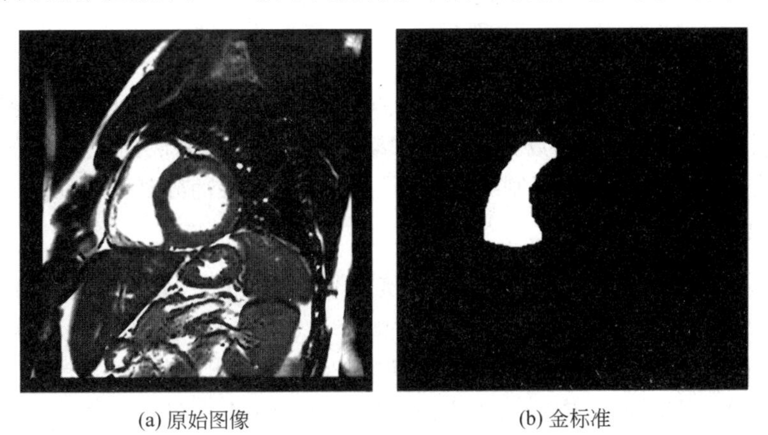

(a) 原始图像　　(b) 金标准

图 7-14　舒张末期的原始图像及其金标准

磁共振电影短轴图像可能因采集机器或采集参数的不同而具有不同的图像对比度和灰度分布。为了提高提取特征的效率,本文对每例图像数据采用常见的 Z-Score 标准化方法进行归一化预处理,以消除像素灰度分布范围的差异。Z-Score 标准化是指每幅心脏图像都减去其像素平均值并除以像素标准差,使处理后的数据像素灰度分布符合标准正态分布,用于后续感兴趣区域的提取和数据集的制作。此外,为了减少训练样本不足带来的过拟合、抑制网络学习能力等问题,可以采用平移、旋转、翻转、缩放的方法扩充样本量。

(2) U-Net 网络模型的搭建与训练:选用经典 U-Net 深度学习模型来进行右心室的分割。U-Net 模型可以分为三部分,如图 7-15 所示。第一部分是主干特征提取网络,我们可以利用主干部分获得一个个特征层,U-Net 的主干特征提取部分与 VGG 相似,为卷积和最大池化的堆叠;第二部分是加强特征提取网络,我们可以利用主干部分获取到的五个初步有效特征层进行上采样,并且进行特征融合,最终得到融合了所有特征的有效特征层;第三部分是预测网络,我们会利用获得的最后一个有效特征层对每一个特征点进行分类,相当于对每一个像素点进行分类。定义训练参数,开始训练,并将最优的模型参数保存起来。

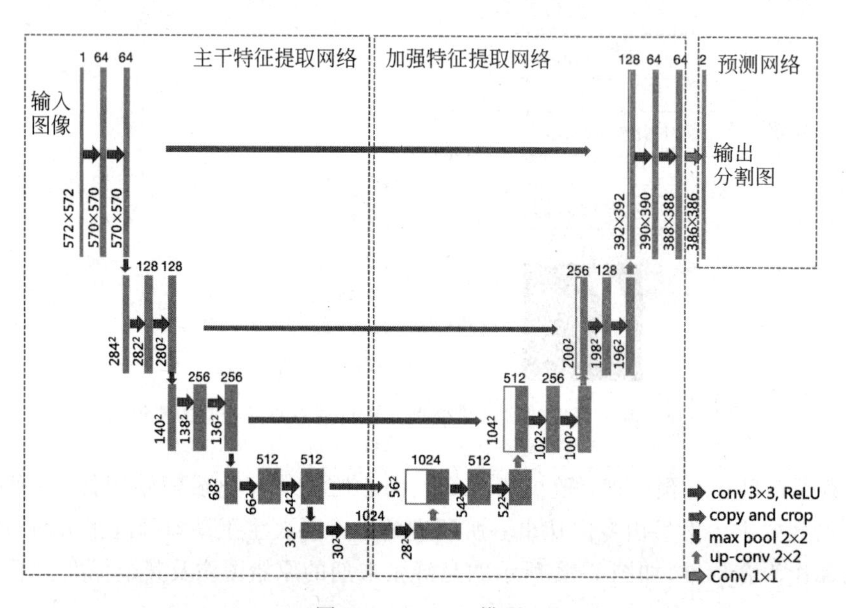

图 7-15 U-Net 模型

(3) 数据集预测分割应用:将心脏磁共振电影短轴图像输入训练好的模型进行图像识别分割。如图 7-16 所示为一例数据在舒张末期和收缩末期从基底到顶端的分割结果,其中圆点直线为使用 U-Net 算法的分割结果,普通直线为专家手动分割金标准。

素养提升

腔镜手术机器人是手术机器人领域系统复杂、技术难度大、临床与商业价值高的产品,被誉为"医疗器械领域的航空母舰",国家"十四五"规划将之列为重点发展的高端医疗器械。长期以来,腔镜手术机器人市场被国外品牌垄断,2022 年 1 月,微创图迈腔镜手术机器人获国家药品监督管理局批准上市,成为迄今为止国内第一款由中国企业自主研发并获批上市的四臂腔镜手术机器人,被用于在微创伤手术领域中实现高于人类能力的对手术器械的精准操控。图迈完成的首例国产机器人手术包含前列腺癌根治术、单孔手术、肾部分切除术、

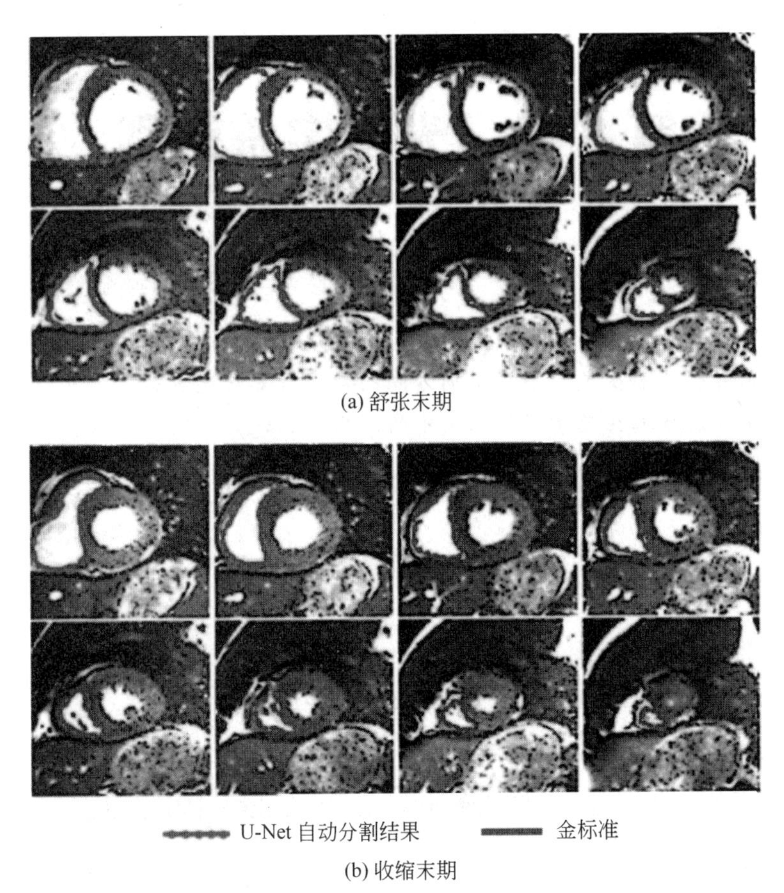

(a) 舒张末期

(b) 收缩末期

图 7-16　一例数据在舒张末期和收缩末期从基底到顶端的分割结果

肺癌根治术、胃癌根治术、肾癌根治术、肝脏切除术、子宫切除术、结肠癌根治术等，迄今为止世界最远距离 5G 远程机器人手术、首例 5G 超远距离肝胆手术、首例 5G 超远程机器人肝脏切除手术等数十余种手术。

7.5　习　　题

1. 目标检测技术的具体应用有哪些？

2. 图像分割技术的应用场景有哪些？

3. 通过查阅资料或实地调研，收集、整理目标检测与图像分割技术在医学领域的应用和未来的发展重点。

第 8 章　光学字符识别

学习目标：

- 了解人工智能技术在光学字符识别方向的应用场景及发展；
- 掌握人工智能技术在光学字符识别中的应用步骤；
- 动手实践光学字符识别应用实践。

8.1　场 景 导 入

小王是一位办公室文员，她经常面临一大堆纸质文件需要整理的状况(见图 8-1)，以往

2016年7月进货清单								
商品名称	单位	数量	进价		售价		毛利	备注
			批发价	小计	零售价	小计	差价	
爆椒牛肉面	桶	12		40	5	60	20	
干脆面	袋	43		20	1	43	23	
火腿肠	根	30	0.9	27	2	60	33	
乐事薯片	包	10	2.7	27	4	40	13	
脉动	瓶	30	3.2	96	5	150	54	
莫斯利安	瓶	24	4.4	104	8	192	88	
安慕希	瓶	12	4.9	59	8	96	37	
大旺仔	瓶	12	3.75	45	8	96	51	
普皖	包	50	12.3	615	15	750	135	
软中	包	30	60	1800	75	2250	450	
硬中华	包	30	40	1200	50	1500	300	
金碗	包	40	26	1040	30	1200	160	
雨衣	件	36	7	252	10	360	108	
清风手帕纸	包	50	0.35	17.5	1	50	32.5	
七度空间日用	包	10	7	70	10	100	30	
红方印	包	10	28	280	35	350	70	
姚记扑克	副	100	1.5	150	3	300	150	
统一茶	瓶	30	2	60	3	90	30	
优乐多	瓶	24	3.75	90	6	144	54	
小雪碧	瓶	24	2.33	56	4	96	40	
小果粒橙	瓶	24	2.6	63	4	96	33	
大旺仔	瓶	12	4	48	8	96	48	
雨衣	件	50	1	50	4	200	150	
小旺仔	瓶	21	2.2	46	4	84	38	
农夫山泉	瓶	48		50	2	96	46	
合计				6305.5		8499	2193.5	
审核：	制表：							

图 8-1　纸质文件

她都是手动输入这些文件的内容，不但费时费力还容易出错，为此她经常疲于奔命、忙到崩溃。

现在，光学字符识别(optical character recognition，OCR)可以派上用场了。小王只需将这些文件扫描或拍照，然后用 OCR 软件处理，转换成可编辑的文本，再进行整理和存储，这样可以节省大量时间和精力。从 OCR 技术在办公环境中发挥的巨大作用可以看出，OCR 技术的广泛应用前景可见一斑。它可以帮助企业提高工作效率，减少人力成本，优化业务流程。通过自动识别和提取信息，企业可以更加精确地进行数据分析和决策，从而提升竞争力。

本章将带领大家学习 OCR 技术的原理和应用。

相关知识

8.2　相关知识

OCR 是指通过算法和模型，将图像中的文字转换成可编辑和搜索的文本，如图 8-2 所示。简单来说，OCR 可以通过识别图片或扫描件中的文字，让计算机能够理解和处理这些文字。

图 8-2　OCR 文字处理

OCR 发展历史较长，甚至早于人工智能的发展，如图 8-3 所示。OCR 的概念是在 1929 年由德国科学家 Tausheck 最早提出来的，后来美国科学家 Handel 也提出了利用技术对文字进行识别的想法。而最先对印刷体汉字识别进行研究的是 IBM 公司的 Casey 和 Nagy，其标志性成果为他们于 1966 年发表了第一篇关于汉字识别的文章，并采用模板匹配法识别了 1000 个印刷体汉字。

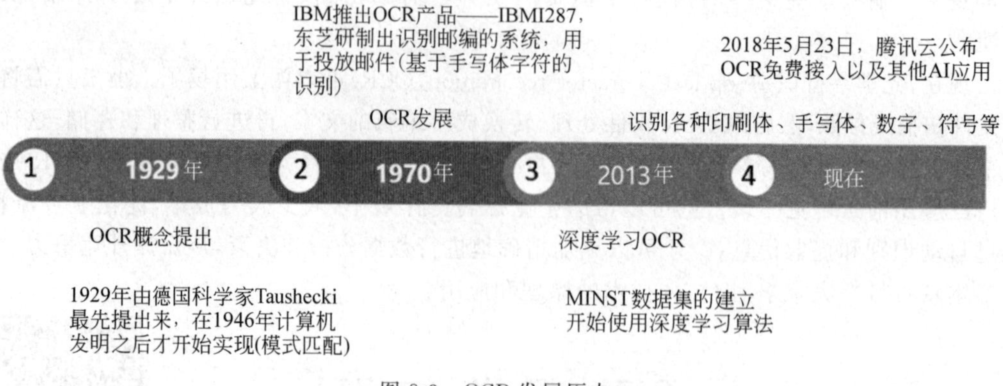

IBM推出OCR产品——IBMI287，东芝研制出识别邮编的系统，用于投放邮件(基于手写体字符的识别)

2018年5月23日，腾讯云公布OCR免费接入以及其他AI应用

OCR发展

识别各种印刷体、手写体、数字、符号等

1 1929年　2 1970年　3 2013年　4 现在

OCR概念提出

深度学习OCR

1929年由德国科学家Taushecki最先提出来，在1946年计算机发明之后才开始实现(模式匹配)

MINST数据集的建立
开始使用深度学习算法

图 8-3　OCR 发展历史

实际上，在 20 世纪六七十年代，世界各国就开始 OCR 的研究。研究初期多以文字的识别方法为主，且识别的文字仅为 0～9 的数字。以拥有方块文字的日本为例，于 1960 年左右开始研究 OCR 的基本识别理论，研究初期以数字为对象。直至 1965—1970 年，开始有了一些简单的产品，如印刷文字的邮政编码识别系统，用来识别邮件上的邮政编码，从而帮助邮局做区域分信作业。至今，邮政编码一直是各国所倡导的地址书写方式。

20 世纪 70 年代初，日本的学者开始研究汉字识别，并做了大量的工作。中国在 OCR 技术方面的研究工作起步较晚，在 70 年代才开始对数字、英文字母及符号的识别进行研究。在 70 年代末开始进行汉字识别的研究。到 1986 年，我国提出“863”计划，汉字识别的研究进入一个实质性的阶段，清华大学的丁晓青教授和中国科学院研究人员分别开发研究并相继推出了中文 OCR 产品，成为中国比较领先的汉字 OCR 技术。

因为识别率及产品化等多方面的因素，早期的 OCR 软件未能达到实际应用要求。同时，因为硬件设备成本高、运行速度慢，也没有达到实用的程度，因此只有个别部门，如信息部门、新闻出版单位等使用 OCR 软件。进入 20 世纪 90 年代之后，随着平台式扫描仪的普遍应用，以及我国信息自动化和办公自动化的普及，大大推进了 OCR 技术的进一步发展，使 OCR 的识别正确率、识别速度满足了广大用户的要求。

素养提升

王选发明了高分辨率字形的高倍率信息压缩和高速复原方法。成为引发我国印刷业，继毕昇发明活字印刷术后的第二次革命，使汉字焕发出了新的生机和活力，汉字信息处理真正进入计算机时代，印刷业一跃从“铅与火”迈入“光与电”。汉字激光照排系统和“两弹一星”、杂交水稻、高铁、航母等，共同为我国成为有世界影响力的大国奠定了重要基础。

8.3 技术分析

现在的 OCR 处理技术综合运用了人工智能技术中的多种手段。从输入图像到给出识别结果需要经过图像预处理、文本检测和文本识别三个阶段，如图 8-4 所示。下面重点分析这三个阶段。

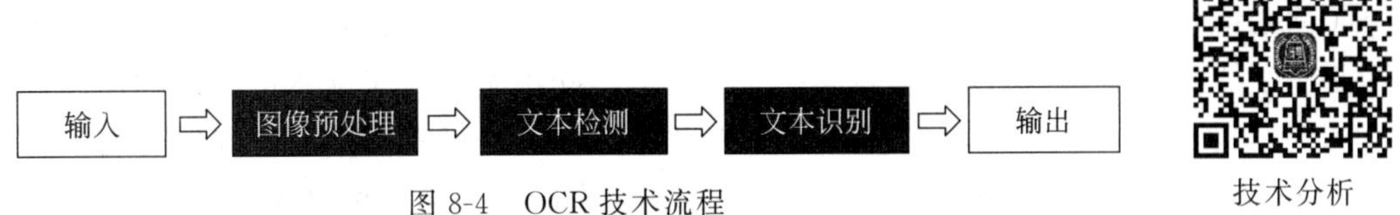

图 8-4 OCR 技术流程

技术分析

8.3.1 图像预处理

图像预处理就是把输入数据变成算法需要的格式。有三种常用方法：图像二值化、图像降噪、图像倾斜校正。

(1) 图像二值化：图像二值化就是将图像上像素点的灰度值设置为 0 或 255，也就是将整个图像呈现出明显的黑白效果的过程。二值后的图像每个像素只有两种取值：要么纯黑，要么纯白。其中，阈值法是指选取一个数字，大于它就视为全白，小于它就视为全黑。全局阈值是指对整个图像中的每一个像素都选用相同的阈值。局部阈值法是假定图像在一定区域内受到的光照比较接近，采用一个滑窗扫描图像，并取滑窗中心点亮度与滑窗内其他区域（称为邻域）的亮度进行比较，如果中心点亮度高于邻域亮度，则将中心点标记为白色，否则标记为黑色。

(2) 图像降噪：可以采用空域滤波方法，就是在原图像上直接进行数据运算，对像素的灰度值进行处理。常见的空间域图像去噪算法有邻域平均法、中值滤波、低通滤波等。图像的低频部分比较平滑，原因是平滑地方的灰度值变化比较小。而频率高的地方通常是边缘或者噪声，因为这些地方往往是灰度值突变地方。图像去噪往往采用滤波方法：高通滤波就是保留频率比较高的部分，即突出边缘；低通滤波就是保留频率比较低的地方，即平滑图像，弱化边缘，消除噪声。中值滤波法是一种非线性平滑技术，它将每一像素点的灰度值设置为该点某邻域窗口内的所有像素点灰度值的中值。

(3) 图像倾斜校正：倾斜校正可以分为两种情况：一种是平面倾斜，这种情况下拍照设备与试卷平行，拍出来的图像只需要进行旋转即可完成矫正；另一种是 z 轴倾斜，这种情况下拍照设备与试卷存在一定的角度，拍出来的图像要先进行透视变换，然后进行旋转等操作才可以完成矫正。图像倾斜矫正的关键在于，根据图像特征自动检测出图像倾斜方向和倾斜角度。对于平面倾斜，可以先利用边缘（轮廓）检测算法找到图像的边界，然后利用 Radon 变换法（基于投影的方法）、Hough（霍夫）变换法、线性回归法等找到倾斜角度，再利用仿射变换进行旋转。而霍夫变换主要是利用图片所在的空间和霍夫空间之间的变换，将图片所在的直角坐标系中具有形状的曲线或直线映射到霍夫空间的一个点上以形成峰值，从而将检测任意形状的问题转换成了计算峰值的问题，即在图片所在直角坐标系的一个直线，转换到霍夫空间便成了一点，并且是由多条直线相交而成，我们统计的峰值也就是该相交点处相交线的条数。

8.3.2 文本检测

文本检测的任务是找出图像或视频中的文字位置，通用的目标检测方法也适用于文本检测。但与目标检测又有些不同，文本检测一般是指自然场景文本检测。文本检测方法包括基于回归的方法和基于分割的方法。其中,基于回归的方法借鉴通用物体检测算法,或叫作基于回归框的检测方法。该方法通过设定回归检测框,在主卷积网络的基础上,增加卷积层以提出文本框提案,然后继续执行两个子任务:判断提案对应于文本的概率和回归调节正样本提案的位置。这类方法对规则形状文本的检测效果较好,但是对不规则形状的文本检测效果会相对差一些,如图 8-5 所示。文本在图像中的表现形式可以视为一种"目标",虽然通用的目标检测方法也适用于文本检测,但是其不同点在于目标检测不仅要解决定位问题,还要解决目标分类问题。先从像素层面做分类,判别每一个像素点是否属于一个文本目标以及它与周围像素的连接情况,再将相邻像素结果整合为一个文本框。这种做法可以适应任何形状和角度的文本,由于场景文字的大小、形状不一样,使用基于分割的检测方法往往更好,但是大部分基于分割的方法需要复杂的后处理以将像素级别的结果组合成文字行,在预测时开销往往很大。

图 8-5　OCR 文本检测

问题思考

文本检测一般是自然场景文本检测,观察图 8-6 自然场景中的文本有哪些特点?会给检测带来哪些困难?

图 8-6　自然场景中的文本

提示:自然场景中的文本具有多样性。文本检测受到文字颜色、大小、字体、形状、方向、语言和文本长度,复杂的背景、干扰以及图像失真、模糊、低分辨率、阴影、亮度等因素的影响；文本密集甚至重叠会影响文字的检测；文字存在局部一致性，文本行的一小部分也可视为独立的文本。

基于图像分割的文本分割方法如图 8-7 所示，首先从像素层面做分类，然后判别每一个像素点是否属于一个文本目标，从而得到文本区域的概率图。最后通过后处理方式得到文本分割区域的包围曲线。

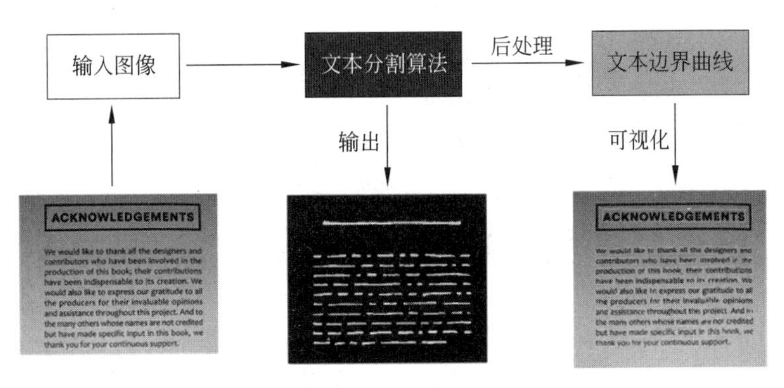

图 8-7　基于图像分割的文本分割方法

8.3.3　文本识别

文本识别包括规则文本识别和不规则文本识别。规则文本识别主要是指印刷字体、扫描文本识别等，这种识别认为文本大致处在水平线位置。不规则文本识别往往出现在自然场景中，且由于文本曲率、方向、变形等方面差异巨大，文字往往不在水平位置，存在弯曲、遮挡、模糊等问题。具体应用时，模型输入一张定位好的文本行，由模型预测出图片中的文字内容和置信度，可视化结果如图 8-8 所示。

原装电池

Predicts of word_3004.jpg:['原装电池', 0.99971426]

图 8-8　OCR 文本识别可视化结果

文本识别有基于传统的方法和基于深度学习的方法。在深度学习序列化模型还未兴起的时候，传统文本识别还不能直接对文本行直接进行文字识别。因为词与词的组合、词组与词组的组合无法穷尽枚举，直接对这些词组进行分类基本不可能。相对于词语、词组，字符的个数可以穷尽，如果把文本识别当作单个字符的识别组合，那么任务就简单得多，因此传统的文本识别都是基于单字符的识别。基于传统方法的文本识别流程如图 8-9 所示，如可以

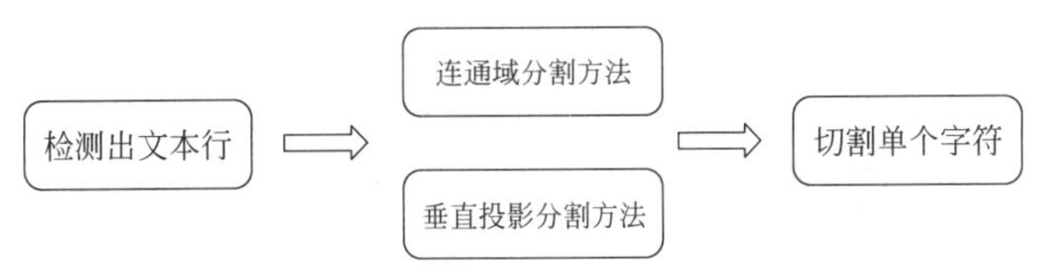

图 8-9　基于传统方法的文本识别流程

采用连通域分割方法和垂直投影分割方法将检测出的文本行切割成单个字符。

连通域分割方法：首先将文本切片二值化，使用 OpenCV(一种图像应用软件)的 FindContours(一个应用功能模块)找到可能的单字符轮廓，然后根据经验规则过滤掉一些噪声，最后对轮廓的外接矩形使用 NMS 过滤掉重复框，得到最终的单字符检测框。连通域分割方法的过程和图形示例如图 8-10、图 8-11 所示。

图 8-10　连通域分割方法的过程

① 二值化　② 过滤噪声点　③ NMS过滤

图 8-11　连通域分割方法的图形示例

垂直投影分割方法：在文本行的局部图像中，除了文字像素外就是背景像素，单个字符文字区域内的像素在每列的分布和周围的像素分布有差异，字符与字符之间的空隙像素一般比较少，而在文字内像素分布比较多。基于这样的规律，我们将文本行切片二值化变成黑底白字，统计每列中白色像素的个数，得到每列白色像素的分布，然后根据规律找到黑白像素在列的范围尺度下的分割间隔点，最后根据分割间隔点对文本行进行单字符分割，得到最终结果。垂直投影分割示例如图 8-12 所示。

图 8-12　垂直投影分割示例

采用传统方法进行单个字符识别时，在字符分类之前，我们首先将字符切片归一化成统一尺寸，参考经典手写字符分类尺寸大小 28×28(单位网格)，统一尺寸后根据图像的常见算法提取特征，如 hog、sift 等。最后分类器选择支持向量机、逻辑回归、决策树等，模型训练完全可以集成端到端进行预测识别。

由于单字识别引擎的训练是一个典型的图像分类问题，而卷积神经网络在描述图像的高层语义方面优势明显，所以主流方法是基于卷积神经网络的图像分类模型。实践中的关键点在于如何设计网络结构和合成训练数据。对于网络结构，我们既可以借鉴手写识别领域相关网络结构，也可采用 OCR 领域取得出色效果的 Maxout 网络结构。对于数据合成，需考虑字体、形变、模糊、噪声、背景变化等因素。基于深度学习的文本识别流程图如图 8-13 所示。

其中的网络结构从上到下，可以依次分为：卷积网络层，使用 CNN，作用是从输入图像中提取特征序列。循环网络层，使用 RNN，作用是预测从卷积网络层获取特征序列的标签(真实值)分布。序列识别层，使用 CTC，作用是把从循环网络层获取的标签分布通过去重、整合等操作转换成最终的识别结果，如图 8-14 所示。

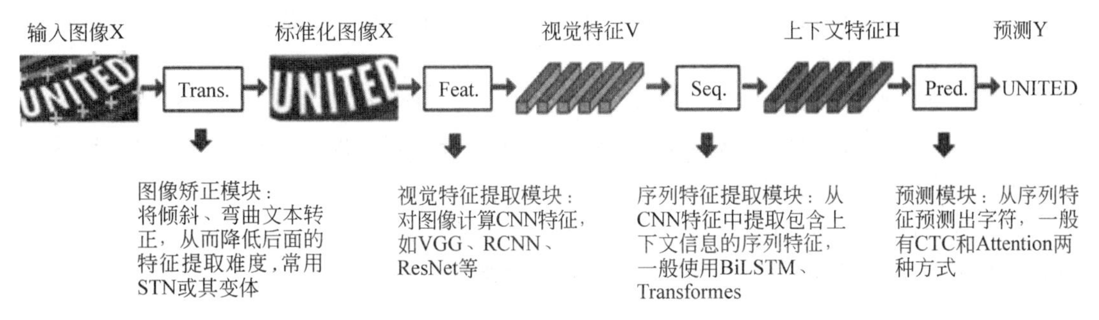

图 8-13　基于深度学习的文本识别流程图

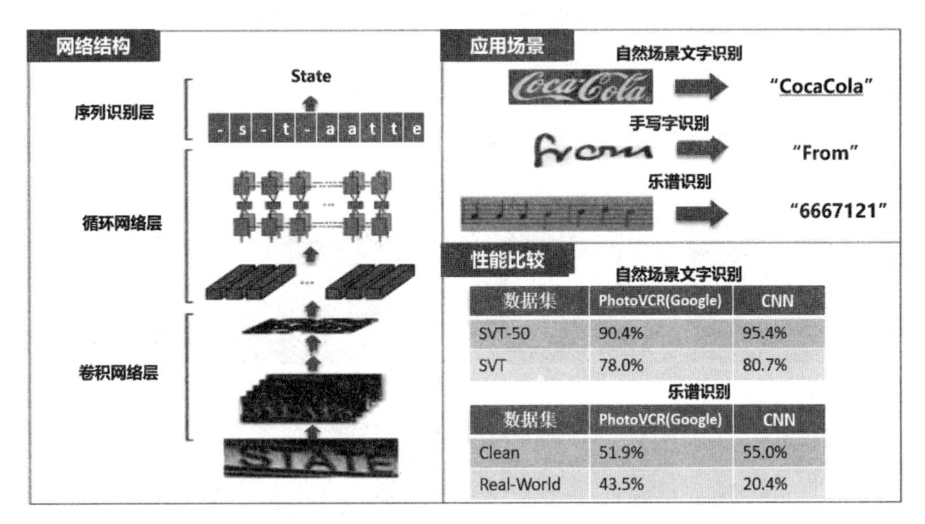

图 8-14　深度学习文本识别网络结构、应用场景和性能比较

8.4　应用案例

OCR 在办公环境中发挥着巨大的作用。传统定义的 OCR 一般面向扫描文档类对象，现在我们常说的 OCR 一般是指场景文字识别(scene text recognition，STR)，其主要面向自然场景，如识别图片上的文字信息，支持扫描文件、电子文档、书籍、票据和表单等多种场景的文字识别。识别图片中表格的文字与表格信息，同时支持将表格内容转换成可编辑的 Excel 格式。识别网络图片中的文字内容，支持网页截图、聊天记录等多种场景的文字识别。对同张图片中的多个卡证、票据进行检测和识别，并返回每个卡证、票据的类别及结构化数据。识别文档中的手写文字、印刷文字信息等。

人工智能 OCR 技术在金融行业也有着广泛的应用，如保险公司可以通过 OCR 技术，快速处理保单和索赔文件，简化烦琐的手工操作。

除了办公和金融领域，人工智能 OCR 在零售、物流、医疗等多个行业也有着广泛的应用。具体应用如下。

(1) 文档数字化：OCR 可以将纸质文档、扫描件或照片中的文字转换为可编辑的电子文本，从而实现文档的数字化和电子化管理。这对于企业来说可以提高工作效率，减少纸质文档的存储和管理成本。

(2) 自动化数据录入：OCR可以自动识别和提取表格、发票、收据等文档中的数据，将其转换为结构化的数据格式，从而实现自动化的数据录入和处理。这对于金融、物流、零售等行业来说可以提高数据处理的速度和准确性。

(3) 身份证识别：OCR可以识别身份证上的文字和数字信息，从而实现自动化的身份验证和信息录入。这对于银行、保险、酒店等行业来说可以简化客户注册和身份验证的流程，从而提高用户体验。

(4) 图像搜索：OCR可以识别图像中的文字，从而实现基于文本内容的图像搜索。这对于电子商务、广告等行业来说可以提供更精准的搜索结果和个性化推荐。

(5) 自动化翻译：OCR可以将印刷文本转换为可编辑的电子文本，然后结合机器翻译技术实现自动化的翻译。这对于跨国企业、旅游业等行业来说可以简化翻译工作，提高跨语言沟通的效率。诸多OCR应用场景如图8-15所示。

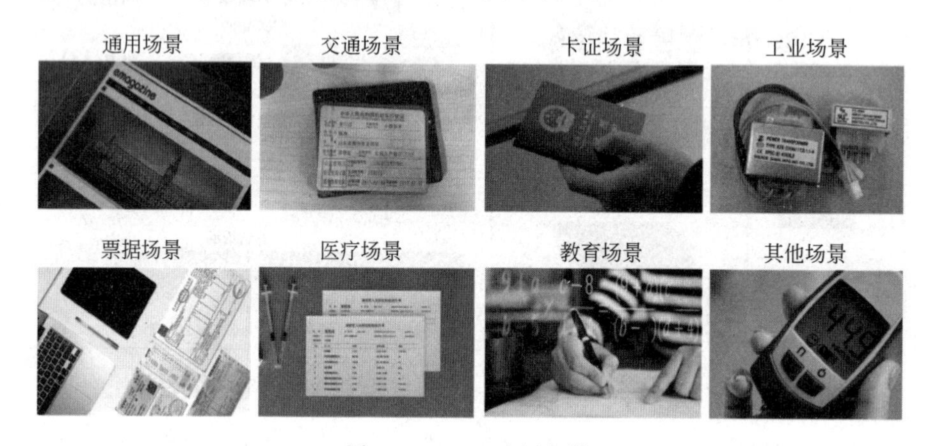

图8-15　OCR应用场景

除了面向垂类(专门)的结构化文本识别，通用OCR技术也有广泛的应用，并且常和其他技术结合完成多模态任务。例如，在视频场景中，人们经常使用OCR技术进行字幕自动翻译、内容安全监控等，或者与视觉特征相结合，完成视频理解、视频搜索等任务，如图8-16所示，机器人通过OCR进行知识问答。

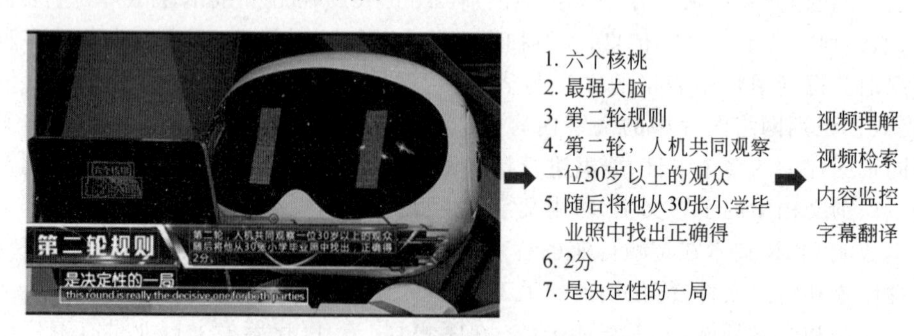

图8-16　机器人通过OCR进行知识问答

总的来说，OCR在各个行业都有广泛的应用场景和商业价值，可以提高工作效率、降低成本、改善用户体验，推动数字化转型和智能化发展。随着时代的发展，人工智能OCR正成为我们生活和商业中不可或缺的一部分。它不仅提供了便利和高效性，还为企业创造了巨大的商业价值。

练一练

请根据实验手册(单独发放)，在华为云Modelarts平台上完成指导OCR任务实验。

素养提升

王庆人，南开大学博士生导师，国家科技部火炬软件出口工作顾问，中国软件欧美出口工程(COSEP)总策划人，OCR核心技术发明人。王庆人教授拥有非常丰富的欧美软件市场经验，对知识产权保护和欧美民商法环境有着深刻认识和独到见解。尤其是他在与美国的长期法律斗争中成功地保护了南开大学的知识产权。2004年年底，协助科技部策划了COSEP，带领南开越洋公司为COSEP企业提供欧美软件出口全程咨询孵化服务，到2005年年底，帮助七家接受南开越洋咨询孵化服务的COSEP试点企业全部获得了欧美软件项目，有的企业已经承接了第二、第三个欧美软件项目，并且获得了自身开拓欧美外包市场的能力。

8.5　习　　题

1. OCR软件能快速识别字符，其识别对象是(　　)。
   A. 图像　　B. 音频　　C. 视频　　D. 动画
2. 下列选项中不是OCR软件能识别的文件格式的是(　　)。
   ① Tif　　② Gif　　③ BMP　　④ Jpegs
   A. ①②③　　B. ②③④　　C. ①③④　　D. ①②④
3. 下列应用中，使用了OCR技术的有(　　)。
   A. 用视频监控系统监控游区内游客拥堵状况
   B. 在文字处理软件中通过语音处理文字
   C. 某字典软件通过拍摄自动输入英文单词，并显示该单词的汉字解释及例句
   D. 用数码相机拍摄习题，并通过QQ方式发送图片给同学，与同学交流解题技巧
4. 下列应用中，体现了人工智能的有(　　)。
   ① 网站自动统计歌曲下载次数　　② 在线中英文互译
   ③ Windows自动运行屏幕保护程序　　④ 用语音方式输入文字
   ⑤ 使用OCR软件从图像中识别汉字
   A. ①②④　　B. ②④⑤　　C. ②③⑤　　D. ③④⑤
5. 以下不属于物业系统OCR技术开发与应用的项目是(　　)。
   A. 票据OCR　　B. 附件OCR
   C. 智能报账小程序　　D. 关联合同

6. 用户使用华为云的文字识别 OCR 服务时,必须使用华为云存储的图片,即用户必须先将图片上传至华为云对象存储服务 OBS 中,使用 OBS 提供的图片网址(URL)判断(　　)。

A. 对　　　　　　　B. 错

7. 简述人脸识别的基本技术流程,以及每一步的大概内容。

8. 简述 OCR 检测流程,以及每一步的大概内容。

第9章 人脸识别

人脸识别

学习目标：

- 掌握人工智能技术用于人脸识别的应用场景及发展；
- 了解人工智能技术用于人脸识别的步骤；
- 动手实践人工智能应用于人脸识别的情况。

9.1 场景导入

当我们需要乘坐高铁出行时，在检票口需要进行刷脸验证。从银行取款或修改银行密码时，也有需要刷脸验证的步骤(见图 9-1)，这都属于人脸识别。

图 9-1 刷脸验证

人脸识别是基于人的脸部特征信息进行身份识别的一种计算机视觉技术。它可以通过分析和识别人脸上的特征，将人脸与已有的数据库进行比对和匹配。用摄像机或摄像头采集含有人脸的图像或视频流，并自动在图像中检测和跟踪人脸，进而对检测到的人脸进行脸部识别，通常也叫作人像识别、面部识别。这项技术在许多领域都得到了广泛应用，如安全与访问控制、人机交互、社交媒体等。

9.2 相关知识

9.2.1 人脸识别发展历史

人脸识别技术研究始于 20 世纪 60 年代，80 年代以后随着计算机技术和光学成像技术的发展得到提高，于 90 年代后期进入初级应用阶段。2014 年前后，随着大数据和深度学习的发展，神经网络备受瞩目。深度学习的出现使人脸识别技术取得了突破性进展。图 9-2 从

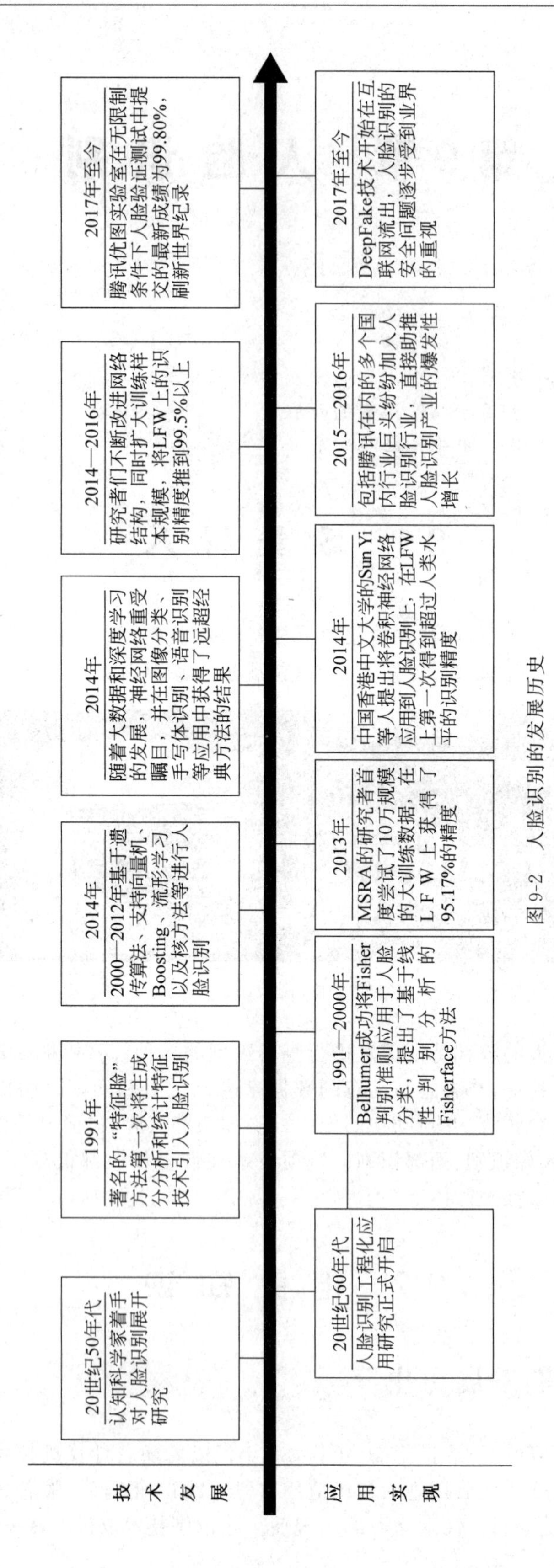

图9-2 人脸识别的发展历史

技术发展和应用实现两方面介绍人脸识别的发展历史。从图 9-2 中可以看到，人脸识别技术经历了从传统方法到深度学习转换的过程，识别效果也经历着从识准到验真、从 2D 到 3D 的过程。目前，默式活体检测和配合式活体检测是人脸识别中较为常用的两种活体检测方式。

9.2.2　人脸识别种类

人脸比对算法的输入是两个人脸特征（人脸特征由前面的人脸提取特征算法获得），输出是两个特征之间的相似度，如图 9-3 所示。人脸验证、人脸识别、人脸检索都是在人脸比对的基础上加一些策略来实现的。相对于人脸提取特征过程，单次的人脸比对耗时极短，几乎可以忽略。

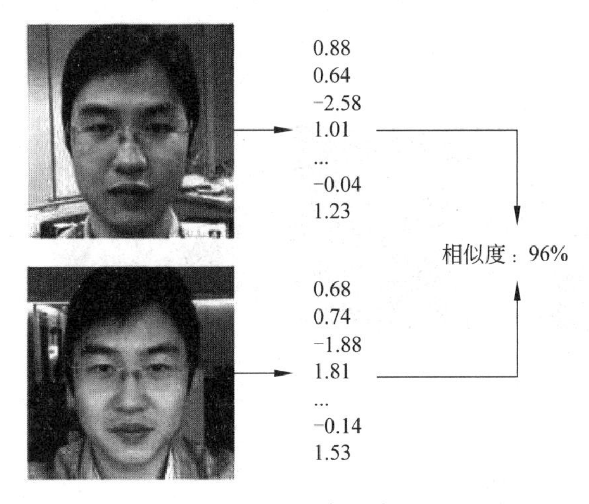

图 9-3　人脸比对

基于人脸比对可衍生出人脸验证（face verification）、人脸识别（face recognition）、人脸检索（face retrieval）、人脸聚类（face cluster）等算法。

除了能够准确识人，精准判断捕捉到的人脸是真实的也至关重要。其中，活体检测技术能够在系统摄像头正确识别人脸的同时，验证用户是本人而不是照片、视频等常见攻击手段。在人脸识别应用中，活体检测能通过眨眼、张嘴、摇头、点头等组合动作，使用人脸关键点定位和人脸追踪等技术，验证用户是否为真实活体本人操作，可有效抵御照片、换脸、面具、遮挡以及屏幕翻拍等常见的攻击手段，从而帮助用户甄别欺诈行为，保障用户的利益。目前活体检测分为三种，分别是配合式活体检测、静默活体检测和双目活体防伪检测。其中，配合式活体检测最为常见，如在银行“刷脸”办理业务、在手机端完成身份认证等应用场景，通常需要根据文字提示完成左看右看、点头、眨眼等动作，通过人脸关键点定位和人脸追踪等技术，验证用户是否为真实活体本人。活体检测的流程及应用场景如图 9-4、图 9-5 所示，主要包括采集、处理和输出步骤。

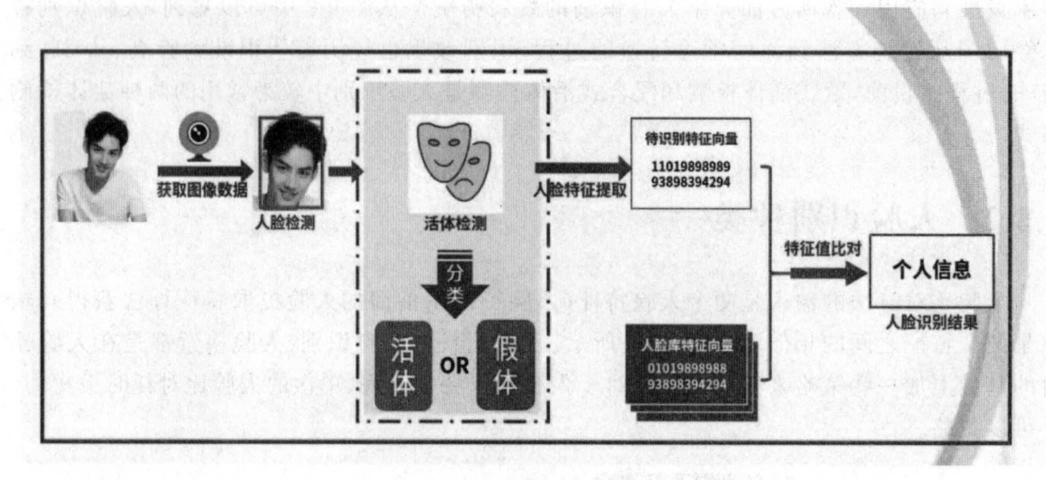

图 9-4　活体检测的流程

图 9-5　活体检测的应用场景

9.2.3　人脸识别优势

1. 识别准确

准确检测人脸为人脸验证、VIP识别等场景提供有力支撑。人脸比对在LFW公开测试集上的准确率为99.6%。

2. 服务丰富

人脸识别已开放人脸检测、比对和搜索服务，即将开放动态人像、年龄识别、特征点定位等服务。

3. 稳定可靠

支持在海量图片特征库中进行人脸搜索、检测、比对等功能。

4. 简单高效

人脸识别服务提供的应用程序接口功能明确，简单易用，配套文档描述详细，可以方便客户使用与集成。

应用体验：访问华为在线体验系统，体验人脸识别功能，如图 9-6 所示。请同学们总结出人脸识别功能的输出结果以及识别过程中的关键点（如要找出人脸区域等）。

图 9-6 华为在线体验系统的人脸识别功能

素养提升

人脸识别技术的崛起为社会带来了安全和便捷，同时也引发了对隐私保护和数据安全的关注。在推动人脸识别技术的应用时，需要兼顾安全、便捷和隐私保护的平衡，遵守相关法律法规和伦理准则。

在中国，《中华人民共和国个人信息保护法》和 2021 年 4 月 25 日发布的《信息安全技术 人脸识别数据安全要求》（征求意见稿）规定，收集人脸识别数据时应征得数据主体明示同意，机构场所应同时提供非人脸识别的身份识别方式等。美国部分州已经发布了关于生物识别特征隐私保护的法案。2020 年 1 月，欧盟各国数据监管机构接到的违规举报超过 16 万件，而各国开出的罚单总金额达 1.14 亿欧元。世界各国都在尝试通过制定相关的法律法规来保护公民的隐私权和个人信息安全，以应对人脸识别技术带来的挑战。

9.3 技术分析

人脸识别技术包括人脸特征提取和分类器设计等，是生物特征识别领域中的重点研究项目。传统常用的特征提取方法包括常用的人脸特征提取方法，如主成分分析（PCA）、线性鉴别分析（LDA）、方向梯度直方图（HOG）以及局部二值模式（LBP）等。在特征提取阶段，需要通过人工提取，提取效果非常依赖经验，也较为麻烦，且人脸图片变化较大（如姿态、光照、背景），效果难以保证。

源于人工神经网络的研究，通过组合底层特征形成更加抽象的高层表示属性类别或特征，以发现数据的分布式特征表示，这促进了深度学习网络的发展。区别于传统的浅层学习，深度学习一方面通常有 5 层以上的多层隐层节点，模型结构深度大；另一方面利用大数据来学习特征，明确了特征学习的重要性。随着深度卷积神经网络和大规模数据集的快速发展，深度学习人脸识别取得了显著的进展，基于深度学习的人脸识别技术可以通过网络自动学习人脸面部特征，从而提高人脸检测效率。

从人脸表达模型来看，可细分为基于 2D 的人脸识别和基于 3D 的人脸识别。基于 2D

的人脸识别通过2D摄像头拍摄平面成像,但由于2D信息存在深度数据丢失的局限性,使收集的信息有限,导致安全级别不够高,在实际应用中存在不足。基于3D的人脸识别系统通过3D摄像头立体成像,由两个摄像头、一个红外线补光探头和一个可见光探头相互配合形成3D图像,能够准确分辨出照片、视频、面具等逼真的攻击手段。

人脸识别的技术流程如图9-7所示,其中每一步具体的过程如图9-8所示,主要包括用摄像设备采集数据(人脸图像采集)、确定识别的目标范围(人脸检测)、人脸图像预处理、人脸图像特征提取、特征比对和识别决策6个主要步骤。

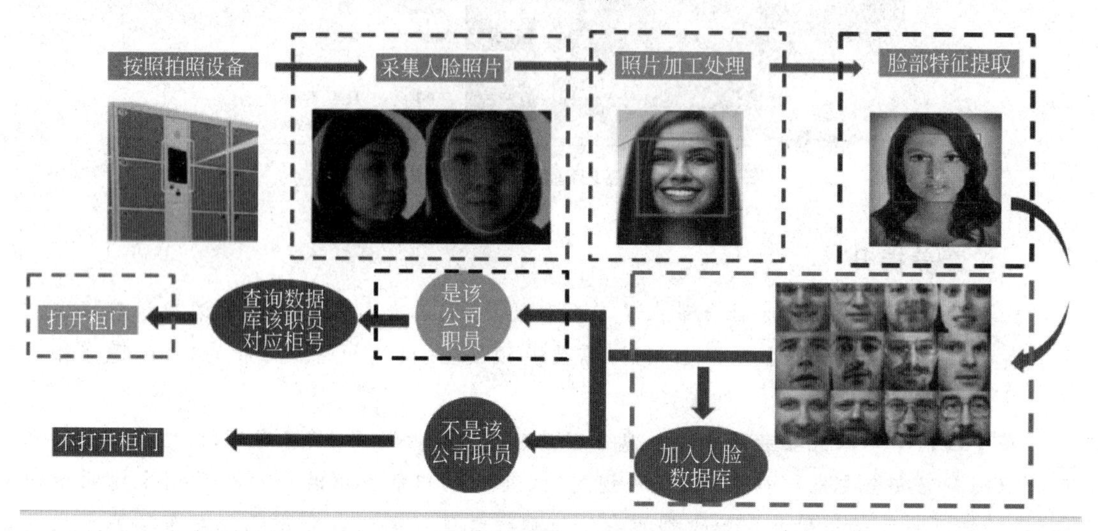

图9-7　人脸识别的技术流程

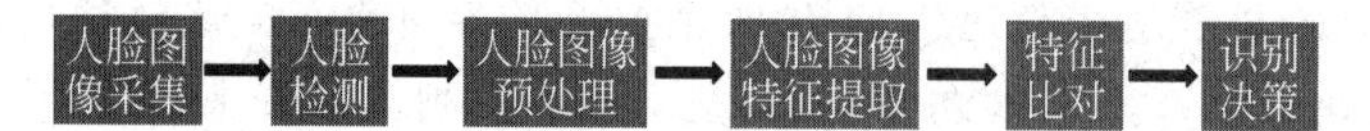

图9-8　人脸识别技术流程对应的具体过程

1. 人脸图像采集

通过摄像镜头采集人脸图像,如静态图像、动态图像。根据识别目标,采集不同位置、不同表情等方面的数据。当用户在采集设备的拍摄范围内时,采集设备会自动搜索并拍摄用户的人脸图像。

2. 人脸检测

人脸检测在实际中主要用于人脸识别的预处理,即在图像中准确标定出人脸的位置和大小。人脸图像中包含的模式特征十分丰富,如直方图特征、颜色特征、模板特征、结构特征及Haar特征等。这时,人脸检测把其中有用的信息挑出来,并利用这些特征实现人脸识别。

主流的人脸检测方法基于以上特征采用Adaboost集成学习算法,该算法是一种用来分类的方法,它能把一些比较弱的分类方法合在一起,组合出新的很强的分类方法。

3. 人脸图像预处理

人脸图像预处理是基于人脸检测结果对图像进行处理并最终服务于特征提取的过程。系统获取的原始图像由于受到各种条件的限制和随机干扰，往往不能直接使用，必须在图像处理的早期阶段对它进行灰度校正、噪声过滤等图像预处理。

预处理过程包括人脸图像的光线补偿、灰度变换、直方图均衡化、归一化、几何校正、滤波、锐化等。

4. 人脸图像特征提取

人脸图像特征提取方法(见图 9-9)根据人脸器官的形状描述以及它们之间的距离特性来获得有助于人脸分类的特征数据，其特征分量通常包括特征点间的欧氏距离、曲率和角度等。人脸由眼睛、鼻子、嘴、下巴等局部构成，对这些局部和它们之间结构关系的几何描述，可作为识别人脸的重要特征，这些特征被称为几何特征。

图 9-9 人脸图像特征提取方法

基于代数特征或统计学习的表征方法中，基于代数特征方法的基本思想是将人脸在空域内的高维描述转换为在频域或者其他空间内的低维描述，其表征方法为线性投影表征方法和非线性投影表征方法，如主成分分析法(PCA)、独立成分分析法和 Fisher 线性判别分析法等。

5. 特征比对

人脸图像匹配与识别时，提取的人脸图像的特征数据与数据库中存储的特征模板进行搜索匹配，通过设定一个阈值，当相似度超过这一阈值时，则把匹配得到的结果输出。人脸识别就是将待识别的人脸特征与已得到的人脸特征模板进行比较，根据相似程度对人脸的身份信息进行判断。这一过程又分为两类：一类是确认，是一对一进行图像比较的过程；另一类是辨认，是一对多进行图像匹配对比的过程。

6. 识别决策

识别决策是根据前面的特征比对结果最后形成人脸识别的结果，如给出是否识别成功的判断。在人脸识别中，存在两种比较经典的识别算法，一是人脸对比，二是活体检测。人脸对比方法是衡量两个人脸之间相似度的算法，通过深度学习技术将用户照片与可以来自身份证或者客户自己提供的照片进行 1∶1 精准匹配，判断身份一致性。

素养提升

全球三大顶尖人脸识别强国为中国、美国和英国。中国的人脸识别技术在全球范围内处于领先地位,识别率高达99%,领先于其他国家。中国的人脸识别技术背后的基础人工智能研究水平与欧美相似,但在商业应用上处于国际领先地位。此外,中国拥有全球最大的国家识别图像数据库——超过10亿张,而美国约为4亿张。

美国的科研机构如美国国家标准与技术研究院(National Institute of Standards and Technology,NIST)也在人脸识别领域做出了突出贡献。据报道,NIST近日公布了有工业界黄金标准之称的全球人脸识别算法测试(face recognition vendor test,FRVT)结果,排名前五的算法被中国包揽。英国的人脸识别技术也相当发达,但具体的发展情况和应用程度需要进一步的资料来证实。

在人脸识别技术这一领域,中国有三家人脸识别技术企业名列前茅,斩获了前五名的三个名额,这三家公司是旷视科技、依图科技和商汤科技。这些公司的存在和发展,无疑进一步提升了中国在全球人脸识别技术领域的影响力和竞争力。

应用案例

9.4 应用案例

9.4.1 人脸识别应用情景

人脸识别广泛地应用于安全与访问控制、零售和支付、金融服务、旅游和酒店业、市场调研和用户分析、人机交互、社交媒体等。

在安全与访问控制方面,人脸识别技术可以用于安全门禁系统,取代传统的钥匙或卡片,提高安全性和便利性。它还可以用于识别员工或访客,确保只有授权人员可以进入特定区域。人脸识别技术可以用于身份验证和辨认,如解锁手机等。它也可以用于监控系统,帮助警方追踪犯罪嫌疑人或寻找失踪人员。

在零售和支付方面,人脸识别技术可以用于零售行业。例如,在商店中识别顾客并提供个性化推荐,改善购物体验。此外,它还可以用于支付验证,消费者可以通过人脸识别完成支付,提高支付的安全性和便捷性。

在金融服务方面,人脸识别技术在金融服务领域也具有重要价值。它可以用于身份验证和客户识别,确保交易的安全性和准确性。同时,它还可以用于反欺诈和风险管理,帮助金融机构识别潜在的欺诈行为和风险。

在旅游和酒店业方面,人脸识别技术可以用于旅游和酒店业。例如,顾客只需通过人脸识别就可完成登记和退房手续,提高了效率和便利性。使用人脸检测与比对功能,可进行身份核实,适用于机场、海关等人证合一验证场景。

在市场调研和用户分析方面,人脸识别技术可以用于市场调研和用户分析。通过分析顾客的表情和反应,了解他们对产品或服务的喜好和满意度,帮助企业改进产品和营销策略。

另外,人脸识别技术还可以应用于人机交互领域。例如,在智能设备上进行人脸解锁、表情识别等功能。此外,它还可以用于社交媒体,帮助用户自动识别照片中的朋友并进行标记,以及电子考勤记录等。

请进行场景分析,如图9-10所示,说出人脸识别的应用有哪些。讨论可以应用在哪些地方以及具体的应用场景(可以举一些自己经历的案例)。

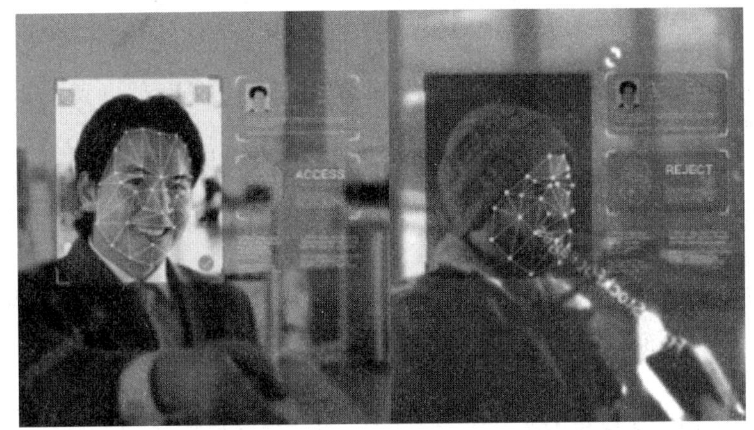

(a) 人脸验证通过　　(b) 人脸验证未通过

图9-10　人脸识别应用情景

9.4.2　人脸识别在活体检测中的应用

活体检测是人脸识别技术的一个重要环节,它的主要任务是判断捕捉到的人脸是否是真实的人脸。活体检测的目的是防止用照片、硅胶、塑料等非生命物质伪造的生物特征进行欺骗。

在实际应用中,活体检测一般是嵌套在人脸检测与人脸识别或验证中的模块,用来验证是否是真人。例如,活体检测可以作为人脸检测(如SSD、MTCNN等)模块的一部分,对检测出来的人脸框进行分类,包括真人人脸、假人脸以及背景,这样可以在早期就过滤掉一部分非活体的检测结果。

静默式活体检测和配合式活体检测是人脸识别中常用的两种活体检测方式。

静默式活体检测是指在用户无感知的情况下,通过算法自动判断捕捉到的人脸是否是真实的人脸。这种检测方式不需要用户做出任何动作或反应,如眨眼、张嘴等,因此也被称为非配合式活体检测。静默式活体检测通常使用红外光来检测用户的生理信息,如眼睛的移动、皮肤的温度变化等,以判断是否为真实人脸。

配合式活体检测则需要用户做出一些特定的动作或反应,如眨眼、张嘴、摇头等,以便系统能够更准确地判断捕捉到的人脸是否是真实的人脸。配合式活体检测通常使用可见光来捕捉用户的面部表情和动作,并通过算法进行分析和判断。

活体检测的方法多种多样,包括但不限于以下几种。

(1) 纹理分析:计算面部区域的局部二值模式(LBP)并使用SVM将面部分类为真实或欺骗。

(2) 频率分析:检查人脸的傅里叶域。

(3) 可变聚焦分析:检查两个连续帧之间像素值的变化。

(4) 基于启发式的算法：包括眼球运动、嘴唇运动和眨眼检测。

9.5 习　　题

1. 人脸认证系统容易受到各种手段的欺骗，如用偷拍的照片假冒真人等，所以(　　)检测技术的研究显得异常重要。

A. 人脸对比　　B. 人脸活体　　C. 人脸验证　　D. 人脸提取特征

2. (　　)是将输入的人脸和一个集合中的所有人脸进行对比，根据对比后的相似度对集合中的人脸进行排序。

A. 人脸比对　　B. 人脸聚类　　C. 人脸验证　　D. 人脸检索

3. 以下(　　)不能帮助真体活检。

A. 戴眼镜　　B. 摇动头部

C. 红外结构光成像技术　　D. 屏幕检测

4. 以下(　　)不是人脸识别系统包含的功能。

A. 图像采集　　B. 图像预处理　　C. 图像模糊化　　D. 匹配对比

5. 以下(　　)不属于生物识别技术。

A. 人脸识别　　B. 车牌识别　　C. 掌纹识别　　D. 语音识别

6. 简述人脸识别的基本技术流程，以及每一步的大概内容。

第 10 章　自然语言处理

学习目标：

- 了解自然语言处理应用场景及发展；
- 了解自然语言处理处理步骤和原理；
- 动手实践自然语言处理对文本分析；
- 动手实践语音识别和语音合成。

10.1　场 景 导 入

小王手机流量不够了，想咨询一下通信公司目前有什么流量套餐包。当他拨通通信公司的电话时，接电话的是一名机器人服务人员，它询问小王需要什么方面的服务，并帮助转接到针对流量套餐的服务条目，可以更好地解决小王的手机流量套餐选择问题。

华为公司研发了一款 5G 智能机器人（见图 10-1），该机器人能跑能跳，思维活跃，沟通无障碍，未来感十足，一经亮相就吸引了不少注意力。

图 10-1　华为公司研发的 5G 智能机器人

这两个实例都用到了人工智能中的自然语言处理知识，并且现实应用场景越来越多。

10.2　相 关 知 识

自然语言处理概述

10.2.1　自然语言处理概述

人工智能自然语言处理（natural language processing，NLP）主要研究人与计算机之间如何用自然语言进行有效通信的各种理论、方法和应用等。它属于人工智能的一个子领域，是指用计算机对自然语言的形、音、义等信息进行处理，即对字、词、句、篇章的输入/输出、识别、分析、理解、生成等的操作和加工。NLP是一门融语言学、计算机科学、数学于一体的科学，因此，这一领域的研究将涉及自然语言，即人们日常使用的语言。NLP与语言学的研究有着密切的联系，但又有重要的区别。人工智能中的NLP并不是一般地研究自然语言，而在于研制能有效地实现自然语言通信的计算机系统，特别是其中的软件系统，因而它属于计算机科学的一部分。NLP研究对计算机和人类的交互方式有许多重要的影响。

NLP属于人工智能中的感知智能部分，是计算机感知环境的能力，包括听觉、视觉和触觉等能力。认知智能包括语言理解、知识和推理，其中，语言理解既包括词汇、句法、语义层面的理解，也包括篇章级别和上下文的理解。知识是人们对客观事物认识的体现以及运用知识解决问题的能力。推理则是根据语言理解和知识，在已知的条件下根据一定规则或者规律推演出某种可能结果的思维过程。创造智能体现了对未见过、未发生的事物，运用经验，通过想象力设计、实验、验证并予以实现的智力过程。

比尔·盖茨曾说过，"语言理解是人工智能皇冠上的明珠"，可见，自然语言理解处在认知智能非常核心的地位，它的进步会引导知识图谱的进步和用户理解能力的增强，也会进一步推动整个推理能力。自然语言处理的技术会推动人工智能整体的进展，从而使人工智能技术可以落地并实用化。

NLP通过对词、句子、篇章进行分析，对内容里面的人物、时间、地点等进行理解，并在此基础上支持一系列核心技术(如跨语言的翻译、问答系统、阅读理解、知识图谱等)。基于这些技术，又可以把它应用到其他领域，如搜索引擎、客服、金融、新闻等。总之，通过对语言的理解实现人与计算机的直接交流，从而实现人跟人更加有效的交流。自然语言技术不是一个独立的技术，受云计算、大数据、机器学习、知识图谱等各个方面的技术支撑。

从技术角度上来讲，NLP技术是利用计算机和人工智能算法对自然语言进行处理和分析的技术。它主要包括自然语言理解、自然语言生成、文本分类、机器翻译、语音合成、语音转文本等。

1. NLP技术涉及的方面

NLP技术主要涉及以下几个方面。

(1) 自然语言理解：计算机能够理解人类语言的语义和语法。它需要利用分词、词性标注、语法分析、语义分析等技术，将自然语言转换为计算机可以理解的文本。

(2) 自然语言生成：计算机能够根据输入的文本生成新的自然语言文本。它需要利用文本分类、情感分析、词汇生成、对话生成等技术，生成符合人类语言习惯的新文本。

(3) 文本分类：计算机根据输入的文本内容，将文本归为不同的类别。它需要利用特征提取、模式识别、机器学习等技术，将文本分成不同的类别。

(4) 机器翻译：计算机能够根据输入的源语言和目标语言，将源语言翻译成目标语言。它需要利用分词、词性标注、语法分析、词汇分析、语义分析等技术，将源语言翻译成目标语言。

(5) 语音合成：计算机能够根据输入的语音信号生成语音文本。它需要利用语音识别、语音合成、语音转文本等技术，将语音信号转换为文本形式。

(6) 语音转文本：将语音信号转换为文本形式。它需要对语音信号进行滤波、降噪、语音识别、文本转语音等处理。

2. NLP 技术分类

NLP 技术可以分为基于传统机器学习和深度学习的 NLP 技术。

(1) 基于传统机器学习的 NLP 技术可将处理任务进行分类，形成多个子任务，传统的机器学习方法可利用 SVM(支持向量机)模型、Markov(马尔可夫)模型、CRF(conditional random fields，条件随机场)模型等方法对自然语言中的多个子任务进行处理，进一步提高处理结果的精度。但是，从实际应用效果上来看，仍存在着以下不足：①传统机器学习训练模型的性能过于依赖训练集的质量，需要人工标注训练集，降低了训练效率。②传统机器学习模型中的训练集在不同领域应用会出现差异较大的效果，削弱了训练的适用性，暴露出学习方法单一的弊端。若想让训练数据集适用于多个不同领域，则要耗费大量人力资源进行人工标注。③在处理更高阶、更抽象的自然语言时，机器学习无法人工标注出来这些自然语言特征，使传统机器学习只能学习预先制定的规则，而不能学习规则之外的复杂语言特征。

(2) 基于深度学习的 NLP 技术应用深度学习模型，如卷积神经网络、循环神经网络等。通过对生成的词向量进行学习，完成自然语言分类、理解。与传统的机器学习相比，基于深度学习的 NLP 技术具备以下优势：①深度学习能够以词或句子的向量化为前提，不断学习语言特征，掌握更高层次、更加抽象的语言特征，满足大量特征工程的 NLP 要求。②深度学习无须专家人工定义训练集，可通过神经网络自动学习高层次特征。

语音识别技术就是让机器通过识别和理解把语音信号转变为相应的文本或命令的技术，如将微信中的一段语音转换成文字。

10.2.2 语音研究概述

语音是实现人与机器以语言为纽带的通信。在人类大脑皮层每天处理的信息中，声音信息占 20%，它是沟通中非常重要的纽带，人机对话将方便人们的工作与生活。完整的人机对话包括声音信号的前端处理、将声音转换为文字以供机器处理。在机器生成语言之后，用语音合成技术将文本语言转换为声波，从而形成完整的人机语音交互，这个过程中主要涉及 3 种技术，即自动语音识别(automatic speech recognition，ASR)、NLP(目的是让机器能理解人的意图)和语音合成(speech synthesis，SS，目的是让机器能说话)。

语音识别和语音合成是人工智能处理语音的两个主要方向，是 NLP 技术在语音领域中的应用。语音识别的目标是将人类语言转换为计算机可理解的文本，使计算机可以更好地理解人类说话者的语音信息，并转换为计算机能够理解的指令或信息。语音合成，通常又称语音转换(text to speech，TTS)，是一种可以将任意输入文本转换成相应语音的技术。语音有三大关键成分：信息、音色和韵律。

10.2.3 NLP发展历史

NLP发展可以大致上分为以下3个时期。

1. 萌芽期

早在计算机出现以前,英国数学家图灵就预见到未来的计算机将会对自然语言研究提出新的问题。他在1950年发表的*Computing Machinery and Intelligence*一文中指出:"我们可以期待,总有一天机器会同人在一切的智能领域里来竞争。"图灵提出检验计算机智能高低的最好办法是让计算机来讲英语和理解英语。

从20世纪40—50年代末这个时期是NLP的萌芽期。在这个时期,有3项基础性研究特别值得注意:①图灵算法计算模型的研究;②N.Chomsky(乔姆斯基)关于形式语言理论的研究;③C.E.Shannon(香农)关于概率和信息论模型的研究。20世纪50年代提出的自动机理论来源于图灵在1936年提出的算法计算模型,这种模型被认为是现代计算机科学的基础。图灵的工作导致了McCulloch-Pitts(麦卡洛克-皮茨)的神经元(neuron)理论。接着,图灵的工作导致了Keene(克林)关于有限自动机和正表达式的研究。

2. 发展期

20世纪60年代中期—80年代末期是NLP的发展期。在这个时期,各个相关学科彼此协作、联合攻关,取得了一些令人振奋的成绩。从20世纪60年代开始,法国格勒诺布尔理科医科大学应用数学研究所自动翻译中心开展了机器翻译系统的研制。在这一时期,NLP的研究又回到了20世纪50年代末期—60年代初期被否定的有限状态模型和经验主义方法上。由于Kaplan和Kay在有限状态音系学和形态学方面的工作,以及Church(丘吉)在句法的有限状态模型方面的工作,显示了有限状态模型仍然有强大的功能。因此,这种模型又重新得到NLP界的注意。这种反思的第二个倾向是所谓的"重新回到经验主义",这里特别值得注意的是语音和语言处理概率模型的提出,受到IBM公司华生研究中心的语音识别概率模型的强烈影响。这些概率模型和其他数据驱动的方法还传播到了词类标注、句法剖析、名词短语附着歧义的判定以及从语音识别到语义学的连接主义方法的研究中。此外,在这个时期,自然语言的生成研究也取得了令人瞩目的成绩。

3. 繁荣期

从20世纪90年代开始,NLP进入了繁荣期。1993年7月在日本神户召开的第四届机器翻译高层会议(MT Summit Ⅳ)上,英国著名学者J.Hutchins(哈钦斯)在他的特约报告中指出,自1989年以来,机器翻译的发展进入了一个新纪元。这个新纪元的重要标志是在基于规则的技术中引入了语料库方法,其中包括统计方法、基于实例的方法、通过语料加工手段使语料库转换为语言知识库的方法等。这种建立在大规模真实文本处理基础上的机器翻译,是机器翻译研究史上的一场革命,把NLP推向一个崭新的阶段。随着机器翻译新纪元的开始,NLP进入了繁荣期。特别是20世纪90年代的最后6年(1994—1999年)以及21世纪初期,NLP的研究发生了很大的变化,出现了空前繁荣的局面。这主要表现在三个方面：首先，概率和数据驱动的方法几乎成了 NLP 的标准方法。句法剖析、词类标注、参照消解和篇章处理的算法全都开始引入概率，并且采用从语音识别和信息检索中借过来的评测方法。其次，由于计算机的速度和存储量的增加，在语音和语言处理的一些子领域，特别是语音识别、拼写检查、语法检查，有可能进行商品化的开发。语音和语言处理的算法开始被应用于增强交替通信(augmentative and alternative communication，AAC)中。最后，也是非常重要的方面，是网络技术的发展对 NLP 产生了巨大推动力。万维网的发展使网络上的信息检索和信息抽取的需要变得更加突出，数据挖掘的技术日渐成熟。而万维网主要是由自然语言构成的，NLP 的研究与万维网的发展息息相关，因此随着万维网的发展，NLP 的研究将会变得越来越重要。

21 世纪以来，由于国际互联网的普及，自然语言的计算机处理成了从互联网上获取知识的重要手段。生活在信息网络时代的现代人，几乎都要与互联网打交道，都要或多或少地使用 NLP 的研究成果来帮助他们获取可挖掘在广阔无边互联网上的各种知识和信息。因此，世界各国都非常重视 NLP 的研究，投入了大量的人力、物力和财力，使 NLP 获得了空前的发展。

随着人工智能 NLP 技术的发展，智能语音也不断得到丰富。自 20 世纪 50 年代开始，学界着手于简单的数字识别任务。到了 80 年代，研究思路发生了重大变化，语音识别技术已经从孤立词识别发展到连续词识别，当时出现了两项非常重要的技术，即隐马尔可夫模型(HMM)、N-Gram 语言模型。其中以隐马尔可夫模型为代表的基于统计模型方法逐渐在语音识别研究中占据了主导地位。HMM 模型能够很好地描述语音信号的短时平稳特性，并且将声学、语言学、句法等知识集成到统一框架中。此后，HMM 的研究和应用逐渐成了主流。进入 21 世纪，深度学习的发展极大促进了语音识别技术。2006 年，Hinton 提出使用受限波尔兹曼机(restricted Boltzmann machine，RBM)对神经网络的节点做初始化，即深度置信网络(deep belief network，DBN)。DBN 解决了深度神经网络训练过程中容易陷入局部最优的问题，自此深度学习的大潮正式拉开。2009 年，Hinton 和他的学生 Mohamed 将 DBN 应用在语音识别声学建模中，并且在 TIMIT 这样的小词汇量连续语音识别数据库上获得成功。2011 年 DNN 在大词汇量连续语音识别上获得成功，语音识别效果取得了近 10 年来最大的突破，如图 10-2 所示。从此，基于深度神经网络的建模方式正式取代 GMM-HMM，成为主流的语音识别建模方式。

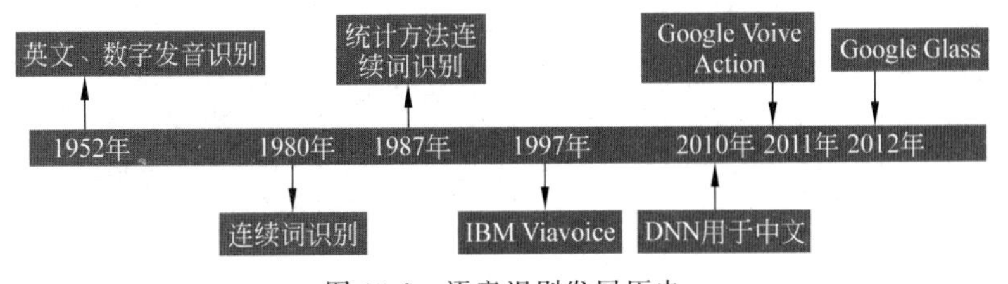

图 10-2 语音识别发展历史

需要说明的是，自 2008 年开始，深度学习开始在语音和图像识别方面发挥威力，NLP 研究者把目光转向深度学习。先是把深度学习用于特征计算或者建立一个新的特征，然后在原有的统计学习框架下体验效果。比如，搜索引擎加入了深度学习的检索词和文档的相似度计算，以提升搜索的相关度。自 2014 年以来，人们尝试直接通过深度学习建模，进行端对端的训练。目前已在机器翻译、问答、阅读理解等领域取得了进展,出现了研究深度学习的热潮。

深度学习技术根本地改变了 NLP 技术,使之进入崭新的发展阶段,主要体现在以下几个方面。

(1) 神经网络的端对端训练使 NLP 技术不需要人工进行特征抽取,只要准备好足够的标注数据(如机器翻译的双语对照语料),利用神经网络就可以得到一个现阶段最好的模型。

(2) 词嵌入(word embedding)的思想使词汇、短语、句子乃至篇章的表达可以在大规模语料上进行训练,得到一个在多维语义空间上的表达,使词汇之间、短语之间、句子之间乃至篇章之间的语义距离可以计算。

(3) 基于神经网络训练的语言模型可以更加精准地预测下一个词或一个句子的出现概率。

(4) 循环神经网络(RNN、LSTM、GRU)可以对一个不定长的句子进行编码,描述句子的信息。

(5) 编码—解码(encoder-decoder)技术可以实现一个句子到另外一个句子的变换,这个技术是神经机器翻译、对话生成、问答、转述的核心技术。

(6) 强化学习技术使自然语言系统可以通过用户或者环境的反馈调整神经网络各级的参数,从而改进系统性能。

在国内,科大讯飞 2016 年提出了全序列卷积神经网络(DFCNN),使用大量的卷积直接对整句语音信号进行建模,将其应用于语音识别,其准确率达到 97%。2018 年,阿里提出 LFR-DFSMN 模型,将低帧率算法和 DFSMN 算法进行融合,语音识别错误率相比上一代技术降低 20%,解码速度提升 3 倍。2019 年,百度提出了流式多级的阶段注意力模型 SMLTA,该模型在 LSTM 和 CTC 的基础上引入了注意力机制来获取更大范围和更有层次的上下文信息。在语音识别率上,该模型比百度上一代 Deep Peak2 模型提升 15%的性能,如图 10-3 所示为 1990—2020 年的语音识别词错误率。

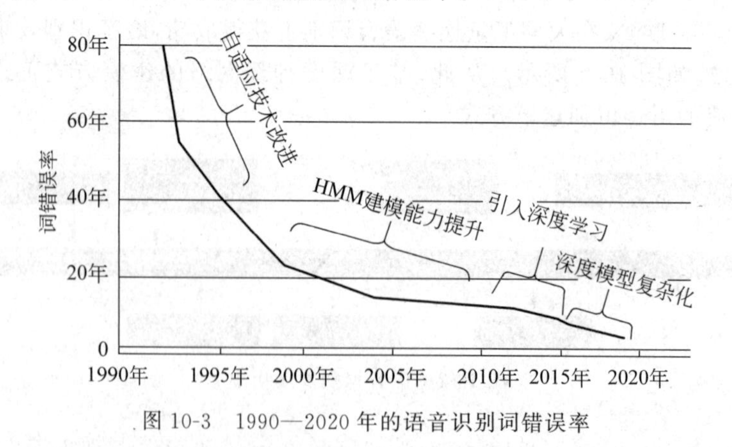

图 10-3 1990—2020 年的语音识别词错误率

技术分析

10.3　技术分析

1. NLP 中语音识别的主要步骤

以 NLP 中的语音识别为例，其主要步骤如图 10-4 所示。

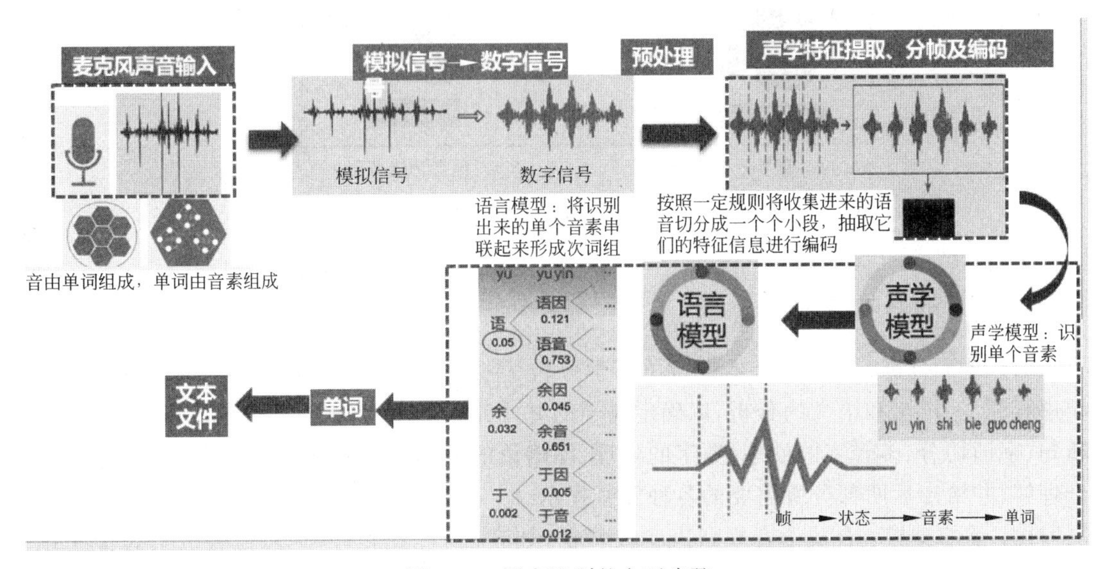

图 10-4　语音识别的主要步骤

(1) 自然界中的信号都是模拟连续信号，要进入计算机的世界，必须转换成数字信号。比如当人对着麦克风说话时，就是把一段语音波形转换成对应的数字信号。

(2) 经过预处理，如声音分帧等，把声音切成片段。

(3) 进行特征提取，把前面的数字信号变成另一种数字表达。

(4) 声学模型：通过声学模型库，识别单个因素(读音)。

(5) 语言模型：通过对大量文本信息进行训练，得到单个字或者词相互关联的概率。相当于计算机学习了无数的经典书籍，总结出一本字典，里面存储了中文场景中的常见用语。结合上下文，推断出最有可能的文字。

(6) 最后输出。

语音合成技术能将任意文字信息转换为相应语音并朗读出来。一个完整的语音合成系统过程是先将文字序列转换成音韵序列，涉及语言学处理，如分词、字音转换等，以及一整套有效的韵律控制规则，再由系统根据音韵序列生成语音波形，需要先进的语音合成技术，能按要求实时合成出高质量的语音流。

语音合成技术的研究已有两百多年的历史，但真正具有实用意义的近代语音合成技术是随着计算机技术和数字信号处理技术的发展而发展起来的，主要是让计算机能够产生高清晰度、高自然度的连续语音，语音合成步骤如图 10-5 所示。

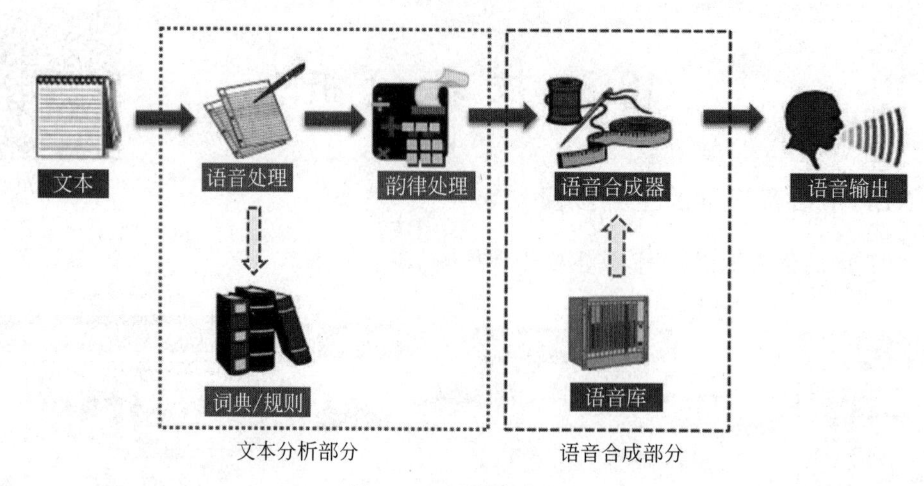

图 10-5　语音合成步骤

2. TTS 的基本组成

(1) 文本分析：对输入文本进行语言学分析(主要模拟人对自然语言的理解过程)，逐句进行词汇、语法和语义的分析，以确定句子的基本结构和每个字的音素组成，包括文本的断句、字词切分、多音字的处理、数字的处理、缩略语的处理等。使计算机对输入的文本能完全理解，并给出后两部分所需要的各种发音提示。

(2) 韵律建模：合成语音规划出音段特征，如音高、音长和音强等，使合成语音能正确表达语意，听起来更加自然。

(3) 语音合成(核心模块)：根据韵律建模的结果，从语音合成库中提取处理好的文本所对应的单字或短语的语音基元，利用特定的语音合成技术对语音基元进行韵律特性的调整和修改，最终合成符合要求的语音。

语音合成举例如下。

如果想让计算机读出“今天吃饭了没有啊?”这句话，我们会怎么做呢?

① 简单一点的 TTS，是用计算机把每一个字分开，通过查询把“饭”字对应的语音基元读出来，用同样方式处理剩余的字，那么这句话就读出来了。但是很明显，这样读出来的语音不够自然。

② 如果要提升 TTS 的效果，就把基本的词录制成语音，如常见的两字词、四字成语等，再做一个词库和语音库的对照表，每次需要合成时就到词库里找。

这样以词为单位比以字为单位的效果好多了。这涉及分词的技术，要把复杂的句子断成合理的词序列。另外，为了追求更好的效果，还可以以常用句子为单位来录音。当然，这样的工作量更大，因为需要读单字、词、成语、句子等，而且语音数据也会庞大起来。对于复杂文本，程序没有办法处理某些内容，需要标识出来。

例如，应该将数字 128 读成“一百二十八”还是“一二八”呢?

解决办法通常是加入 XML 标注，指示出到底是数目读法(一百二十八)、数字串读法(128)还是电报读法(幺两怕)。

素养提升

科大讯飞作为中国最大的智能语音技术提供商，长期在智能语音技术领域进行研究并取得重要成果。这些成果包括在中文语音合成、语音识别、口语评测等多项技术上拥有国际领先的水平。此外，科大讯飞也是我国唯一以语音技术为产业化方向的“国家 863 计划成果产业化基地”。

科大讯飞的技术实力得到了广泛的认可和赞誉。例如，其新一代语音翻译关键技术及系统在 2019 年获得了世界人工智能大会的最高荣誉 SAIL(Super AI Leader，卓越人工智能引领者奖)。同年，科大讯飞还成为北京 2022 年冬奥会和冬残奥会官方自动语音转换与翻译独家供应商，致力于打造首个信息沟通无障碍的奥运会。

在推动认知智能发展方面，科大讯飞同样走在前列。其认知智能国家重点实验室创新团队在 2014 年就率先发起向更高阶认知智能的前瞻攻关，取得了多项世界首创甚至唯一的认知智能技术创举。到了 2022 年，科大讯飞在多模感知、多维表达、深度理解和运动智能四方面实现了关键技术突破，推出了讯飞智能助听器、讯飞翻译机 4.0、康养语音遥控器等多款 AI 智能产品，进一步推进了 AI 产业应用落地千行百业。

因此，可以说科大讯飞在人工智能领域确实处于领先地位，并在推动该领域的发展上起到了重要作用。

10.4　应用案例

NLP 和语音、图像识别等人工智能技术在人类社会中发挥着重要的作用，下面列举一些具体的应用场景。

(1) 信息抽取：从给定文本中抽取重要的信息，如时间、地点、人物、事件、原因、结果、数字、日期、货币、专有名词等。通俗说来，就是要了解谁在什么时候、因为什么、对谁、做了什么事、有什么结果。

(2) 文本生成：机器像人一样使用自然语言进行表达和写作。文本生成技术主要包括数据到文本生成和文本到文本生成。数据到文本生成是指将包含键值对的数据转换为自然语言文本，而文本到文本生成是指对输入文本进行转换和处理，从而产生新的文本。

(3) 问答系统：对一个用自然语言表达的问题，给出一个精准的答案。需要对自然语言查询语句进行某种程度的语义分析，包括实体链接、关系识别，形成逻辑表达式，然后到知识库中查找可能的候选答案并通过一个排序机制找出令人满意的答案。微信中的问答应用如图 10-6 所示。

图 10-6　微信中的问答应用

(4) 对话系统：通过对话系统完成与用户聊天、问题解答等任务，如汽车导航中的问答等属于对话系统的应用场景。它涉及对用户意图理解、通用聊天引擎、问答引擎、对话管理等技术。此外,为了体现上下文相关,问答系统要具备多轮对话能力。

(5) 智能客服:通过NLP技术,人工智能可以理解和处理用户的自然语言输入,提供自动化的客户服务和支持。智能客服的工作流程如图10-7所示,通过智能客服,可以大大提高客户满意度,减少人工客服的工作负担,并节省企业的成本。

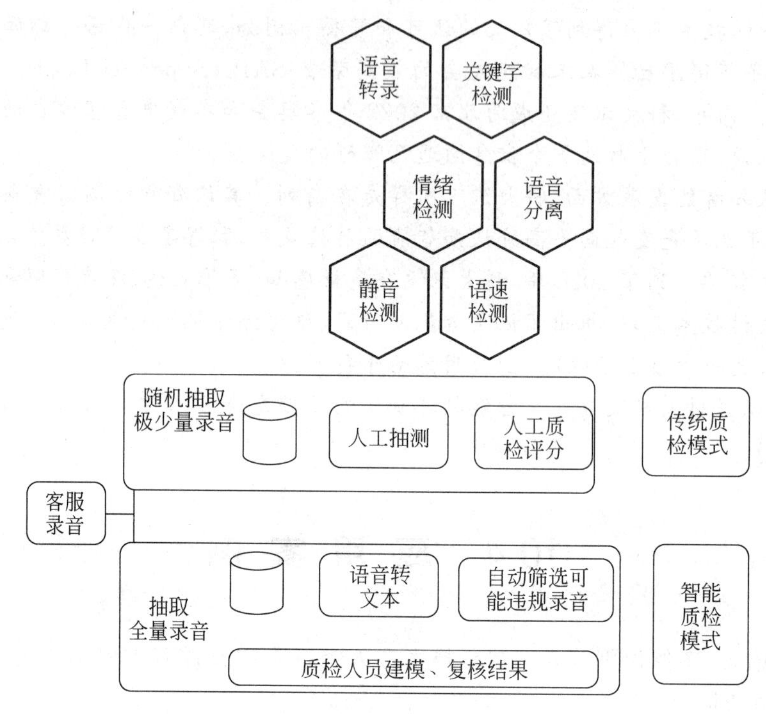

图10-7　智能客服的工作流程

(6) 情感分析:NLP可以分析人的情感倾向,帮助企业了解用户对产品、服务或品牌的态度和情感。这对于市场调研、舆情监测和品牌管理非常有价值,可以帮助企业更好地了解用户需求和市场动态。

(7) 文本分类和标注:NLP可以对大量文本进行分类和标注,包括文本聚类、分类、情感分析以及对挖掘的信息和知识的可视化、交互式的表达,帮助企业进行信息管理、内容过滤、垃圾邮件过滤等工作。这对于新闻媒体、社交媒体、电子商务等行业来说,可以提高内容管理和用户体验。通过计算机系统自动识别和过滤符合特定条件的文档信息,如网络有害信息,主要用于信息安全和防护,网络内容管理等。

(8) 机器翻译:NLP可以实现自动化的机器翻译,将文本从一种语言翻译成另一种语言。这对于跨国企业、旅游业、教育机构等有着重要的商业价值,可以促进跨语言交流和拓展国际市场,有声阅读如图10-8所示。

图10-8　有声阅读

(9) 智能搜索和推荐:NLP可以帮助搜索

引擎理解用户的搜索意图，提供更准确和个性化的搜索结果。同时，NLP 还可以分析用户的兴趣和行为，实现个性化的内容推荐，提高用户的满意度和转化率。

（10）舆情分析：NLP 可以对大规模的文档进行索引查找，并通过对文档中的词汇赋予不同的权重来建立索引，也可建立更加深层次的索引。在查询的时候，对输入的查询表达式，如一个检索词或者一个句子进行分析，然后在索引里查找匹配的候选文档，再根据一个排序机制把候选文档排序，最后输出排序得分最高的文档。对于社交媒体、新闻报道等大量文本数据，自动化地对网络舆情进行分析，以实现及时应对网络舆情的目的，帮助企业了解公众对其品牌、产品或服务的看法和态度。这对于品牌管理、危机管理和市场营销非常有价值，如可以及时发现和应对舆情风险。

智能语音技术可通过声音信号的前端处理、语音识别（ASR）、NLP、TTS 等形成完整的人机语音交互。智能语音技术落地分为三类应用场景：第一类是以语音识别、语音合成和语音转写为主的垂类应用，随着疫情催化和产业的数智化转型加速，该类语音应用在教育、公安和医疗等领域场景落地迅速；第二类是消费级智能硬件中加载的语音助手，语音交互入口带来的功能性定位让其随着智能终端的规模扩大具备了强需求增长动能；第三类是对话机器人产品，形式可为文本机器人、语音机器人和多模态数字人。

随着对话机器人产品客服功能的丰富，以及向营销和企业信息服务场景的应用渗透，在“降本”基础上实现“增效”，对话式 AI 的场景变现能力正在逐步增强。疫情加速了智能语音的技术落地与场景融合。“非接触”需求给语音领域及对话式 AI 产品带来了新的机遇与增长动能。基于对话机器人实现意图理解并做出回答或执行相应任务的产品形式将会被更加广泛地应用在服务、营销等交互场景。

随着计算机算力的不断增加，借助深度学习算法进行训练和优化，尤其是大模型在行业中的布局，机器视觉、NLP、人脸识别、OCR 和智能语音等技术提高了识别和处理的准确性和效率。这使其应用范围越来越广泛，为其商业应用带来了巨大的机遇，但也存在着一些挑战和风险。首先，技术本身的复杂性和高昂的成本是一个制约因素。人工智能技术的开发和应用需要大量的专业人才和投入，这对企业而言是一个不小的挑战。其次，数据隐私和安全问题也是人工智能面临的难题。在数据驱动的人工智能应用中，如何保护用户的隐私和数据安全成了一个重要的议题。另外，法律和伦理问题也需要引起重视，如智能机器人和自动驾驶技术可能引发道德和责任问题。

然而，这些挑战和风险并不能掩盖人工智能技术商业应用的巨大潜力。正如过去几年中涌现出的一些爆款应用所展示的那样，人工智能可以创造出极高的商业价值。例如，语音助手、人脸识别、智能推荐系统等应用已经深入人们的生活，并取得了巨大的商业成功。

未来，人工智能技术的应用前景仍然充满无限可能。随着技术的不断进步和突破，人工智能将更加成熟和智能化。在智能制造领域，人工智能将推动工艺智能化和自动化的发展，提高生产效率和产品质量。在智慧城市建设中，人工智能可以实现智能交通管理、智能能源管理和智慧环境监控，提升城市管理和居民生活品质。在教育领域，人工智能可以实现个性化教学，根据学生的学习情况和特点提供定制化的教育资源和辅导方案。

10.5 习　　题

1. 简述自然语言处理(NLP)与智能语音处理的关系。
2. 简述自然语言处理的技术原理与步骤。
3. 简述人工智能处理语音的方法和原理。

第 11 章　AIGC

学习目标：

- 了解 AIGC 的应用场景；
- 了解 AIGC 的技术原理与实现路径；
- 学会在实际学习与工作中应用 AIGC 工具。

11.1　场景导入

场景导入

在阳光明媚的早晨，一位年轻的艺术家艾米丽在她的画室里忙碌着。她正在尝试使用一种全新的技术——AIGC（artificial intelligence generated content，人工智能生成内容）来完成她的最新作品。

艾米丽一直梦想着能够创作出令人惊叹的画作，但她的技艺却总是难以达到她的期望。直到她发现了 AIGC，她的创作之路才真正开启。

艾米丽通过一款名为“艺术助手”的 AIGC 应用，输入了自己的创意和风格偏好。然后，这款应用开始为她生成各种草图、色彩搭配和构图建议。艾米丽可以根据自己的喜好进行选择和调整，直到她满意为止。

有了“艺术助手”的帮助，艾米丽的创作过程变得轻松愉快。她可以更加专注于自己的创意和表达，而不是技巧和细节。她的画作越来越出色，甚至引起了艺术界的关注。

艾米丽的故事告诉我们，AIGC 不仅是一种技术，更是一种改变创作的力量。它可以为我们带来无限的灵感和可能，让我们在创作之路上走得更远、更自由。

11.2　相关知识

相关知识

11.2.1　定义

AIGC 利用先进的人工智能技术，自动生成各类内容，如文章、视频、图片、音乐和代码等。AIGC 不仅限于狭义上的人工智能生成内容，它代表了人工智能技术发展的新趋势。传统的人工智能主要集中在分析能力上，通过处理现有数据来寻找规律。然而，现在的 AI 技术已经能够自主生成全新的内容，而不仅是分析已经存在的事物。

这一突破性的转变，使 AI 从理解世界转变为创造世界。广义上，AIGC 可以看作一种具备生成创造能力的人工智能技术,即生成式 AI,它基于训练数据和先进的生成算法模型,能够自主创造新的文本、图像、音乐、视频和 3D 交互内容等。

Gartner[①] 已将生成性 AI 列为 2022 年五大影响力技术之一,"麻省理工科技评论"[②]也将 AI 合成数据列为 2022 年十大突破性技术之一,更将生成性 AI 誉为 AI 领域过去十年的最大进展。预计未来的 AIGC 模型将结合大模型和多模态模型的特点,成为新的技术平台。

AIGC 在各个需要人类知识创造的行业中都有巨大的应用潜力。从社交媒体到游戏、广告、建筑、编码、平面设计、产品设计,再到法律、营销和销售等领域,都有可能被 AIGC 重塑。此外,随着合成数据(synthetic data)技术的发展,AIGC 能生成大量的虚拟数据,用于训练模型或模拟环境。

未来,一些创造性工作可能会完全由生成性 AI 完成,而其他工作将进入人机协作的新时代。在这个时代,人类与 AI 将共同创造更高效、更高质量的内容。AIGC 技术的核心价值在于,它能够将内容生产的成本降低到几乎为零,从而大大提高劳动生产率并创造巨大的经济价值。

简而言之,就像互联网改变了信息传播和复制的方式一样,AIGC 有望改变内容生产的方式。它有能力将自动化内容生产的成本降至接近零,这将对内容生产行业以及依赖内容生产的行业产生深远影响。这种内容生产范式的转变,有可能引领新一轮的产业创新与变革。

11.2.2 现状

从 2022 年开始,AIGC 的技术水平和应用场景都有了显著的提升,因此,2022 年被称为 AIGC 的"应用元年"。

AI 绘画开始爆火,这是一种利用人工智能技术生成图像的方法,它可以根据用户的输入或者自己的想象,创造出各种风格和主题的图画,如油画、漫画、风景画等。Stable Diffusion、DALL-E 2、MidJourney 等 AIGC 模型风行一时,标志着人工智能向艺术领域渗透。

1. ChatGPT 的能力

2022 年 12 月,OpenAI 发布 ChatGPT,它是一种基于 GPT-3 模型的强大而有趣的对话系统,能以不同的人物及语气与人类进行自然流畅的对话。其能力主要体现在以下几个方面。

(1) 自然语言理解和生成:ChatGPT 能够理解用户输入的文本,并根据上下文和目标生成合适的回应。它可以处理多种类型的对话,如问答、闲聊、故事、游戏等。

(2) 知识获取和利用:ChatGPT 能够从大量的文本数据中获取知识,并利用这些知识来回答用户的问题或提供有用的信息。它可以涵盖各个领域的知识,如科学、技术、文化、历史等。

(3) 推理和分析:ChatGPT 能够根据用户的输入和已有的知识进行逻辑推理、判断和

① Gartner(高德纳,又译顾能公司)是全球极具权威的 IT 研究与顾问咨询公司。

② "麻省理工科技评论"是世界上非常古老的技术杂志及影响力非常大的科技商业化智库。

分析，从而给出更深入和有见地的回应。它可以处理一些复杂的问题，如因果关系、假设推理、观点评价等。

(4) 创造和想象：ChatGPT 能够利用自己的知识和想象力来生成新颖的内容，如笑话、歌词、名言等。它可以展现出一定的创造力和个性，让对话更有趣和有意义。

(5) 语音和图像交互：ChatGPT 能够通过语音或图像与用户进行交互，提高对话的自然度和丰富度。它可以识别用户的语音输入，并生成语音输出。它也可以根据用户的图像输入生成相关的图像或文本输出。

2. 国内大语言模型与 GPT 4 的差距

2023 年 11 月，Open AI 发布了 ChatGPT 的最新版本 GPT 4 Turbo，它提供了更强的多模态能力(支持视觉内容输入)，将知识更新到了 2023 年 4 月，支持 128KB 长度的上下文并可以进行定制化。

相对于国外公司，国内的公司也推出一系列 AIGC 产品，呈现出了“国外基础模型积累深厚，国内应用侧优先发力”的格局。在大语言模型方面，截至 2023 年 7 月，国内已经有 93 个大语言模型、包括百度的文心一言、华为的盘古、科大讯飞的星火认知、阿里的通义千问、腾讯的混元等。据 InfoQ 研究中心的测评结果，虽然国内大语言模型的整体能力接近 GPT 3.5 的水平，但与 GPT 4 的能力仍然存在差距，体现在以下两个方面。

(1) 数据质量和规模。数据是训练大语言模型的基础，其质量和规模直接影响着模型的性能。虽然国内的大语言模型在数据质量和规模上已经取得了一定的成果，但是与 GPT 4 相比还存在一定的差距。GPT 4 使用了大量的多语种数据来训练，包括英文、西班牙语、法语、德语、意大利语等，而国内的大语言模型则主要集中于中文领域。同时，GPT 4 在数据质量上也做了很多处理和筛选，从而使模型能够更好地理解和生成高质量的文本。

(2) 算法和模型结构。大语言模型的算法和模型结构也是影响其性能的重要因素之一。国内的大语言模型在算法和模型结构方面相对较为保守，大部分是在传统的深度学习框架下进行优化和改进。而 GPT 4 则采用了许多先进的算法和模型结构，如 Transformer-XL、Attention Pyramid Network 等，从而使模型在文本生成和理解方面更加准确和高效。

3. 国内大语言模型的优势

国内的大语言模型也存在优势，表现在以下 3 个方面。

(1) 更适应中文语境。国内大语言模型产品在预训练和微调时，使用了更多的中文数据，包括文学、新闻、百科、社交媒体等各种类型的文本，以及音频、视频、图像等多模态数据，使模型能够更好地理解和生成中文内容，以及处理中文特有的语法、语义、文化等问题。

(2) 更贴近国内行业需求。国内大语言模型产品在设计和开发时，更加关注国内的行业场景和应用需求，如政务、金融、教育、医疗、制造等，针对不同的领域和任务，提供了更加专业和定制化的解决方案，如智能问答、文本生成、语音合成、图像识别、代码生成等。如华为的盘古大模型(见图 11-1)，就是专注于具体行业问题的解决，其宣传口号就是“不作诗，只做事”。

(3) 更具创新和探索精神。国内大语言模型产品在技术上不断追求创新和突破，不仅在模型规模、算法效率、泛化能力等方面不断提升，还在多模态、多语言、多任务等方面进行了深入的探索和尝试,如腾讯的混元、中国科学院的紫东太初、商汤的商量等。

图 11-1　华为的盘古大模型

11.2.3　风险

当然,任何技术都犹如一把双刃剑,既能为人类带来巨大的便利,也可能带来一些潜在的威胁。作为引领 AI 技术新趋势的 AIGC,在助力相关产业发展的同时,也带来了一系列值得深思的问题。

当我们沉浸在 AIGC 带来的便捷与惊喜之中时,不应忽视其背后的风险与挑战。其中,知识产权保护、安全问题、技术伦理以及环境影响等都是我们需要正视和解决的问题。

(1) 需要关注知识产权保护问题。随着 AIGC 技术的广泛应用,人工智能创作的成果层出不穷。然而,如何界定这些成果的知识产权归属,仍是一个亟待解决的问题。为了保护创新者的权益,我们需要在现有的法律体系基础上进一步深入研究 AIGC 技术所带来的知识产权问题,不断完善相关法律法规,确保创新者的权益得到有效保护。

(2) 安全问题也不容忽视。随着 AIGC 技术的普及,大量的数据与信息在网络中传输,如何确保这些数据的安全性,防范潜在的安全风险,是政府和企业必须面对的挑战。我们需要加强对数据安全的监管力度,采取有效的技术手段和安全措施,以防范潜在的黑客攻击和数据泄露风险。

(3) 技术伦理问题同样值得我们关注。在人工智能技术日益普及的今天,如何确保 AIGC 技术的应用符合伦理规范,避免出现滥用和伦理问题,是我们需要认真思考的课题。政府、企业和科研机构应共同建立技术伦理监管机制,明确 AIGC 技术应用的道德底线,加强对不道德行为的惩戒力度,引导社会各界树立正确的价值观。

(4) 我们还需要关注 AIGC 技术的环境影响问题。随着 AIGC 技术的广泛应用,能源消耗的增加和潜在的环境污染问题也不容忽视。在推广 AIGC 技术的过程中,我们需要充分考虑其对环境的潜在影响,采取绿色、低碳的发展模式,努力降低 AIGC 技术应用对环境造成的负担。

总而言之，AIGC 技术作为引领 AI 技术新趋势的创新力量，在推动我国经济社会发展和科技进步的同时，也带来了一系列风险与挑战。面对这些挑战，我们应加强法律法规建设、强化安全管理、关注技术伦理、注重环境保护，以充分发挥 AIGC 技术的优势，推动我国人工智能产业迈向更高水平。只有这样，我们才能确保在享受 AIGC 技术带来的便利的同时，实现可持续发展和长治久安。

11.3　技术分析

技术分析

11.3.1　技术类型

1. AIGC 在应用层次上的划分

在应用层次上，AIGC 技术可分为以下三个方面。

(1) 内容孪生：一个创新性的技术，其主要作用是将内容从一个维度映射到另一个维度。这种技术的应用场景广泛。例如，在现实世界中，我们拍摄了一张低分辨率的图片，通过内容孪生技术中的图像超分，可以对低分辨率进行放大，同时增强图像的细节信息，生成高清图。再如，对于老照片中的像素缺失部分，可通过内容孪生技术进行内容复原。此外，智能转译也是内容孪生技术的一个重要应用，如将音频转换为字幕，或将文字转换为语音等。内容孪生技术旨在实现现实世界到数字世界的智能增强与智能转译，为我们的生活带来更多便利。

(2) 内容编辑：通过对内容的理解以及属性控制，实现对内容的修改。这在计算机视觉领域、语音信号处理领域等多个领域都有广泛应用。例如，我们可以通过对视频内容的理解实现不同场景视频片段的剪辑；通过人体部位检测以及目标衣服的变形控制与截断处理，将目标衣服覆盖至人体部位，实现虚拟试衣；通过对音频信号分析，实现人声与背景声分离。这些例子均是在理解数字内容的基础上对内容的编辑与控制。

(3) 内容生成：通过从海量数据中学习抽象概念，并通过概念的组合生成全新的内容。如 AI 绘画，从海量绘画中学习作品不同笔法、内容、艺术风格，并基于学习内容重新生成特定风格的绘画。这种方式使人工智能在文本创作、音乐创作和诗词创作等方面取得了显著的成果。此外，在跨模态领域，通过输入文本输出特定风格与属性的图像，不仅能够描述图像中主体的数量、形状、颜色等属性信息，而且能够描述主体的行为、动作以及主体之间的关系。

2. AIGC 在技术路线上的划分

在技术路线上，AIGC 可以分为以下几种。

(1) 递归式生成模型(autoregressive model)：基于条件概率的，能够根据前面生成的内容来生成后续的内容。在递归式生成模型中，每个符号或单词的生成都依赖之前生成的符号或单词。这种模型在自然语言处理、音乐生成等领域有广泛应用。常见的递归式生成模型有循环神经网络(RNN)和变换器等。RNN 通过循环连接实现对序列数据的处理，但存在梯度消失和梯度爆炸的问题。而变换器则通过自注意力机制(self-attention)和多层神经网络实现序列数据的处理,具有较强的并行计算能力,目前在各种自然语言处理任务中取得了显著的成果。

(2) 生成式对抗网络(generative adversarial network,GAN):基于对抗学习的,由一个生成器和一个判别器组成。生成器负责生成假数据,判别器负责区分真假数据。通过不断对抗,生成器可以生成更逼真的数据。GAN 在图像生成、视频生成等领域取得了显著的成果。然而,GAN 也存在一些问题,如模式坍塌、不稳定训练等。为了解决这些问题,研究人员提出了各种改进方法,如使用多个判别器或引入梯度惩罚等。

(3) 变分自编码器(variational auto-encoder,VAE):基于概率编码的,能够将输入数据编码为一个潜在空间的向量,然后从这个向量中解码出新的数据。VAE 可以生成多样化的数据,但质量较低。VAE 的核心思想是将数据分布转换为潜在空间的连续高斯分布,通过编码器和解码器实现数据的编码和解码。VAE 在图像生成、文本生成等领域有一定的应用价值,但其生成质量往往低于其他生成模型。

(4) 扩散模型(diffusion models):基于逆向扩散的,能够将输入数据逐渐扩散为随机噪声,然后从噪声中逐步恢复出原始数据。扩散模型可以生成高质量的数据,但速度较慢。扩散模型的基本思想是将数据从原始空间扩散到噪声空间,再通过逆向扩散过程恢复数据。这种模型在图像生成、文本生成等领域有较好的表现,但训练和生成过程相对较慢。近年来,研究人员提出了各种加速扩散模型的方法,如使用预训练模型、改进训练策略等。

综上所述,以上四种生成模型各有优缺点,适用于不同的应用场景。递归式生成模型和生成式对抗网络在自然语言处理和图像生成等领域取得了显著的成果,但存在一定的问题;变分自编码器和扩散模型在生成质量上具有优势,但应用范围相对较窄。未来,随着人工智能技术的不断发展,这些模型将得到进一步优化和改进,为各种应用领域带来更多创新。

下面,将对当前应用比较广泛的三种模型分别进行介绍。

11.3.2 递归式生成模型

递归式生成模型基于条件概率的生成模型,它利用了概率的链式法则,将数据的联合概率分布转换为条件概率的乘积。常见的递归式生成模型包括循环神经网络(RNN)和变换器等。RNN 在前面章节已经做了介绍,这里我们对变换器模型原理做一下说明。

变换器架构,这一创新的深度学习模型,凭借其基于自注意力机制的独特设计,自 2017 年由 Vaswani 等人首次提出以来,便在自然语言处理和其他序列到序列任务领域取得了引人注目的突破。广泛应用于机器翻译、文本摘要、对话系统等任务中,它已成为深度学习技术处理自然语言任务的重要里程碑。

变换器突破了传统循环神经网络(RNN)和卷积神经网络(CNN)的限制,不再依赖显式的循环或卷积结构,而是凭借自注意力机制巧妙地处理输入序列中的依赖关系。通过精确计算输入序列中每个位置与其他位置的相关性,自注意力机制赋予变换器捕捉全局上下文信息并融入每个位置表示的卓越能力。这一创新设计使变换器在处理长文本和复杂语义关系时展现出显著优势。

变换器的结构(见图 11-2)可以分为 4 部分。

(1) 输入部分：将源文本和目标文本分别进行词嵌入（word embedding）和位置编码（positional encoding），得到每个单词的向量表示，包含了单词的语义和位置信息。

(2) 编码部分：由多个编码层堆叠而成，每个编码层包含两个子层，即多头自注意力层和前馈全连接层。多头自注意力层可以计算输入序列中不同位置之间的相关性，捕捉到全局的上下文信息。前馈全连接层可以增加模型的非线性能力，提高模型的表达能力。

(3) 解码部分：由多个解码层堆叠而成，每个解码层包含三个子层，即多头自注意力层、多头注意力层和前馈全连接层。多头自注意力层可以计算目标序列中不同位置之间的相关性，捕捉到目标序列的上下文信息。多头注意力层可以计算目标序列和源序列之间的相关性，捕捉到源序列和目标序列的对齐信息。前馈全连接层与编码部分的作用相同。

(4) 输出部分：由一个线性层和一个 Softmax 层组成，将解码部分的输出转换为每个单词的概率分布，从而预测下一个单词。

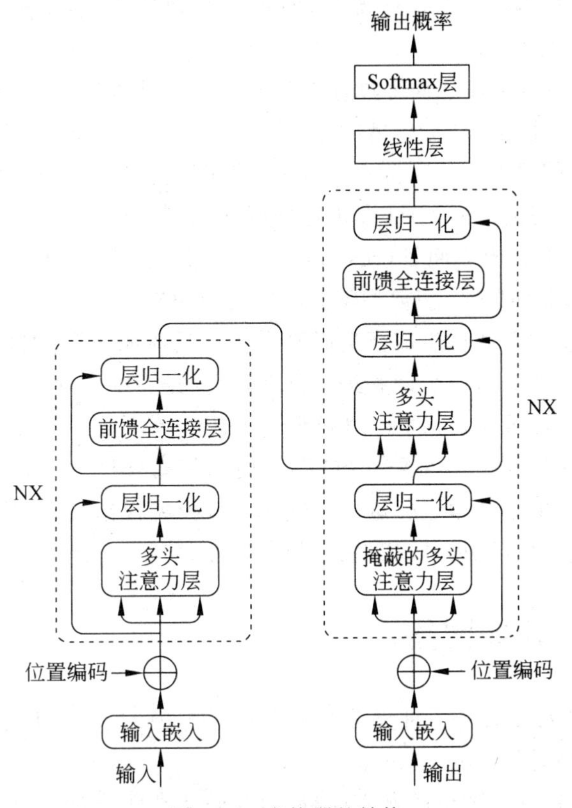

图 11-2 交换器的结构

变换器的核心组件是多头注意力机制和前馈神经网络。多头注意力机制的独特之处在于它允许模型在多个表示空间中进行自注意计算，从而捕捉不同层次和角度的语义关系。前馈神经网络则负责对每个位置的表示进行非线性变换和映射，进一步增强模型的表达能力。

在变换器中，输入序列经过多层的编码器进行编码，并同时经过自注意力计算和前馈神经网络映射。编码器为每个位置生成一个上下文感知的表示，充分捕获输入序列中的信息。在序列到序列的任务中，如机器翻译，编码器的输出传递给解码器，解码器同样由多层的变换器模块组成。通过自注意力和前馈网络,解码器生成目标序列的表示,进而完成序列到序列的转换。

变换器架构的优势在于其并行计算能力,显著加快了训练速度,并扩大了对长距离依赖关系的捕捉能力。它能够有效处理输入序列中的顺序信息,并在各种任务中展现出卓越的性能。这一优势使变换器在自然语言处理领域中获得了广泛的认可和应用。

变换器架构的成功激发了后续模型的发展,如 BERT 和 GPT 等模型在自然语言处理任务中取得了巨大的进步。这些模型进一步推动了深度学习技术在自然语言处理领域的应用,为人工智能的发展注入了新的活力。总而言之,变换器的提出和发展对人工智能和自然语言处理领域产生了深远的影响,为处理复杂语义关系和长文本提供了全新的思路和方法。

需要了解的是 ChatGPT 是基于 GPT n 系列模型(如 GPT 2～GPT 4 等)的,都属于大规模预训练语言模型(large language model,LLM),其背后的模型基础来源于变换器(transformer)结构,但是仅使用了解码器(decoder)部分,使用自回归的方式,根据前文的信息预测下一个词。

与传统方法相较,ChatGPT 训练过程借鉴了强化学习理念,主要步骤如下。

首先,搜集并预处理对话数据。此类数据可源于公开对话语料库、社交媒体平台、聊天记录等渠道。预处理的目的在于去除多余标记、修正拼写错误、分割对话、格式化数据等。

其次,采用监督学习方式对 GPT 3 进行微调,生成基于 GPT 3 的生成模型。该模型根据给定问题(prompt)生成相应回答(response)。训练过程中,将人工标注的问题与回答对(demonstration)作为训练样本,使模型学会生成恰当回应。

再次,训练奖赏模型以评估生成模型回答质量。具体而言,针对同一问题,生成模型提供四个回答,人类评估者对这四个回答进行排序,根据排序结果训练奖赏模型。

最后,采用强化学习策略,特别是 PPO 算法(PPO 算法是一种基于策略梯度的强化学习算法,它的目标是在与环境交互采样数据后,使用随机梯度上升优化一个"替代"目标函数,从而改进策略),对生成模型进行进一步优化。该模型根据给定问题生成回答,并根据奖赏模型评分进行自我调整,以提升回答质量和多样性。

11.3.3 生成式对抗网络

生成式对抗网络(GAN)是一种无监督的深度学习模型,它由两个神经网络组成,即生成器(generator)和判别器(discriminator)。

生成器的作用是将一个随机的噪声向量(通常服从高斯分布或均匀分布)映射为一个与真实数据相似的样本。

判别器的作用是判断输入的样本是真实的还是生成器生成的假的,并给出一个 0～1 内的概率值,表示样本为真的可能性。

生成器和判别器的训练过程可以看作零和博弈,生成器的目标是尽量欺骗判别器,让判别器输出的概率接近 1;判别器的目标是尽量识别出生成器的假样本,让判别器输出的概率接近 0。

我们可以把生成器看作假币团伙,它希望造出的假钞不被发现,也就是说希望判别网络输出的值在 1 附近。对应地,判别器可以看作警察,要找出假钞。其学习目的是判断样本是来自模型分布(真样本)还是数据分布(假样本),也就是希望自己输出的值在 1 或 0 附近。之所以叫“对抗网络”,就是因为生成器(G)和判别器(D)之间存在对抗的关系,两者能在相互较量中共同进步,直到真假难分为止。其基本思想如图 11-3 所示。

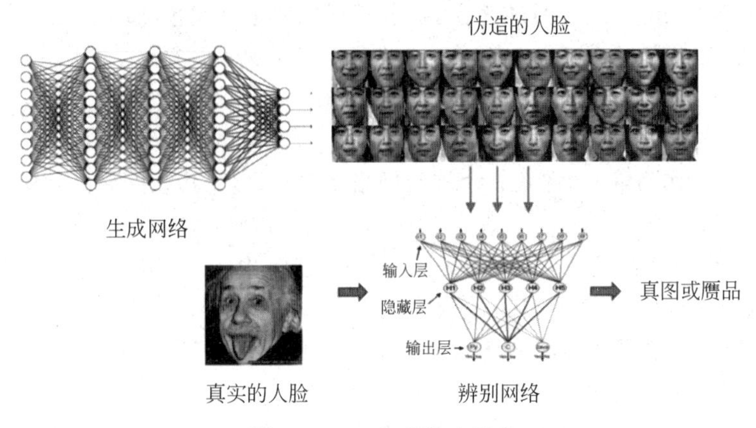

图 11-3　GAN 的基本思想

其训练过程可以分为以下几个关键步骤。

(1) 从一个随机分布中采样出一些噪声向量,这些噪声向量将作为生成器的输入。生成器的作用是根据这些噪声向量生成虚假的数据,这些数据可以包括图片、文本等各种形式。在这个过程中,生成器会尝试生成与真实数据相似的虚假数据。

(2) 判别器接收到真实数据和生成数据,对它们进行二分类,判断它们是真实数据还是生成数据。判别器的目标是区分真实数据和生成数据,从而防止生成器产生过于逼真的虚假数据。判别器输出的是真实数据和生成数据是真实数据的概率。

(3) 在训练过程中,生成器和判别器分别计算自己的损失函数。生成器的损失函数通常是其生成的数据与真实数据的差距,而判别器的损失函数则是其预测真实数据和生成数据的准确性。训练过程中,生成器和判别器通过反向传播算法不断更新各自的参数,以优化损失函数。

(4) 这个过程会重复进行,直到生成器和判别器达到一个平衡点。在这个平衡点,生成器能够生成足够逼真的数据,以至于判别器无法准确区分真实数据和生成数据。这时,生成式对抗网络就达到了训练目标。

生成式对抗网络在许多领域都有广泛的应用,如图像生成、自然语言处理、音频生成等。通过不断优化生成器和判别器的性能,生成式对抗网络可以生成高质量、逼真的虚假数据,为各种应用场景提供支持。同时,生成式对抗网络的训练过程也是一个不断探索和优化的过程,使生成器能够创造出更多具有创新性和多样性的数据。

11.3.4　扩散模型

扩散模型的基本思想是利用一个马尔可夫链来逐步加入噪声,将原始数据分布转换为一个简单的先验分布,然后利用另一个马尔可夫链来逐步去除噪声,从先验分布生成原始数据分布。这样可以实现从一个简单的分布采样出复杂的数据样本。

具体来说，扩散模型包括两个过程：前向过程和反向过程。前向过程是往原始数据(如图像)中逐步加入高斯噪声，直到变成纯噪声。反向过程是利用一个神经网络，从纯噪声逐步恢复出原始数据。扩散模型的训练过程是利用极大似然估计来优化一个神经网络，使其能够预测每一步加入的噪声。具体来说，扩散模型的训练过程包括以下几个步骤。

(1) 从数据集中随机抽取一个样本 x_0，作为原始数据。

(2) 从 1 到 T 中随机选择一个时间步 t，按照前向过程的公式，给 x_0 加入高斯噪声，得到 x_t。

(3) 将 x_t 和 t 作为输入，送入一个神经网络 $P_\theta(x_{t-1}|x_t)$，该网络的目标是预测加入的噪声 $\varepsilon_\theta(x_t,t)$。

(4) 根据反向过程的公式，从 x_t 和 $\varepsilon_\theta(x_t,t)$ 中恢复出 x_{t-1}，并计算与真实的 x_{t-1} 的均方误差并作为损失函数。

(5) 根据损失函数更新神经网络的参数 θ，使其能够更好地预测噪声。

这个过程可以重复多次，直到神经网络收敛。

扩散模型的优点是它可以处理高维度的数据，如图像、文本、音频等，而且可以利用极大似然估计来训练，不需要对抗训练或变分推断。扩散模型的缺点是它的采样速度慢，需要很多步骤才能生成一个样本，而且它的极大似然估计的效果不如其他基于似然的模型，如自回归模型或正则化流模型。

应用案例

11.4 应用案例

AIGC 按内容生成类别可划分为文本、音频、图像、视频、跨模态五类，应用全景表，如表 11-1 所示。

表 11-1 AIGC 应用全景表

分 类	具体分支	应用领域	代表公司案例
文本生成	文本理解	话题解析、文本情感分析	科大讯飞、阿里巴巴和微软亚洲研究院在文本理解挑战赛的完全匹配得分均超过人类得分
	结构化写作	新闻撰写	Automated Insights 开发的 Wordsmith 可以生成评论文章
	非结构化写作	营销文案、剧情续写	Jasper 平台为社交媒体、广告营销、博客等产出标题、文案、脚本、文章
	交互性文本	客服、游戏	OpenAI 与 Latitude 推出的游戏 AI Dungeon，可根据输入的动作或对话生成个性化内容
音频生成	语音克隆	地图导航	百度地图可根据输入音频，生成专属导航语音
	语音机器人	客服、销售、培训	思必驰拥有外呼机器人、呼入机器人、陪练机器人等产品
	音乐生成	播客、电影、游戏	OpenAI 的 MuseNet 可利用 10 种乐器共同生成 4 分钟音乐作品
图像生成	图像编辑与融合	设计、电影	谷歌的 Deep Dream Generator 可上传图像并选择风格，生成新图像
	2D 图像生成 3D 模型	游戏、教育、产品测试	英伟达的 GANverse3D 可利用汽车照片生成 3D 模型，并在 NVIDIA Omniverse 中行驶

续表

分 类	具体分支	应用领域	代表公司案例
视频生成	画质增强修复	视频插帧、视频细节增强、老旧影像的修复与上色	当虹科技的画质增强修复技术帮助视频画质提升
	切换视频风格	电影风格转换、医学影像成像效果增强	腾讯天衍工作室在结直肠内镜项目中切换视频风格，优化医学影像视觉效果
	动态面部编辑	AI 换脸	Akool 的 faceswap 平台拍摄样本视频便可编辑、替换模特面部
	视频内容创作	制作电影预告片、赛事精彩回顾	IBM 的 Watson 制作了 20 世纪福克斯的科幻电影 *Morgan* 的预告片
跨模态生成	文本生成图像	传媒、娱乐	OpenAI 的 DALL E 2 可通过输入文字生成高仿真图像
	文本生成视频	电影、短视频创作	Meta 的 Make-A-Video 输入文本可生成数秒的视频
	图像/视频生成文本	搜索引擎、问答系统	谷歌的 MUM 模型支持多模态复杂信息搜索
	文本生成代码	Copilot	OpenAI 的 Codex 模型可将自然语言翻译成代码

11.4.1 文本生成

文本生成的核心任务是根据各类输入数据（如报表数据、视觉信息、意义表示、文本素材等），自动产出高质量的自然语言语句或篇章（如标题、摘要、新闻、故事、诗歌、评论、广告等）。自动生成的文本需兼具良好的可读性与准确可靠性。需注意的是，鉴于语言表达的多样性，文本生成结果往往并非唯一，尤其在开放式文本生成任务（如文本复述、故事生成等）中，针对同一输入，可能存在成百上千种答案。

文本生成面临两大挑战：首先，搜索空间巨大。文本自动生成可视为一种搜索问题。对于长度为 L 的文本（即包含 L 个词），假设词表大小为 W（即共有 W 个词语），则在文本的任意位置的词均可从 W 个词语中选取，从而形成 $W \times L$ 种可能的组合。由于 W 通常较大（一般在几万至几十万个），搜索空间巨大，给文本生成算法带来严重挑战。其次，文本质量难以客观评价。尽管我们可以主观评判语句或文章的好坏，但客观、准确地评估文本质量的自动评价指标却较为匮乏。目前业界采用的基于 N 元词重叠程度的评价指标（如 BLEU、ROUGE 等）以及模型驱动的评价指标（如 BERTScore、BARTScore 等）均无法可靠评价文本质量（尤其在开放式文本生成任务和长文本生成任务中），导致文本生成任务的优化目标难以明确定义和形式化，从而在基于极大似然估计[①]的优化目标与文本生成的总体质量目标之间存在较大差异，这是现有文本生成模型的一个不容忽视的缺陷。

媒体出版和电子商务是文本生成技术的两个典型应用领域。在媒体出版方面，文本生成技术已逐步应用于新闻稿件的自动或辅助创作，包括天气预报、赛事简讯、财经简讯等新闻类型，同时为新闻自动生成标题、摘要等，以提高读者浏览新闻内容的便利性。例如，人民日报社在 2020 年全国两会前夕，成功发布上线“人民日报社 AI 智能编辑部”。在 2021 年的

① 极大似然估计是一种使用观测数据来估计未知参数的方法，是机器学习中常用的一种参数估计方法。

全国两会上,人民日报社两会记者使用“智能创作机器”现场拍摄并对录制完成的视频进行自动剪辑。新华社于2018年推出“媒体大脑·MAGIC短视频智能生产平台”,又在2019年全国两会召开之际发布由计算机生成的全新升级站立式全球首个AI合成女主播,与新华社现有的AI合成男主播共同对两会进行报道,再次引发全球媒体的高度关注。2021年的全国两会上,由人民日报智慧媒体研究院研发的“智能创作机器人”集5G智能采访+AI辅助创作+新闻追踪多重本领于一身,让两会记者们如虎添翼。此外,已经有作家开始尝试与ChatGPT合作共同创作作品,2023年9月,作家肖恩·迈克尔斯通过群星出版社(Astra House)出版了他的第三部小说*Do You Remember Being Born*?

在电子商务领域,文本生成技术同样具有广泛应用。主流电商网站如京东、淘宝定期上线大量全新商品,通常需要对应的标题和描述,以方便用户浏览和购买。为了降低成本和提高效率,这些电商网站通常采用文本生成技术基于商品基本参数自动撰写标题和描述。此外,电商网站还部署智能客服系统回应用户的问题,智能客服系统需精准理解用户意图,并利用文本生成技术生成回复文本。部分电商网站会基于对话摘要技术对客服与用户的对话交流进行总结,生成简短的摘要。为推广商品和服务,商家会采用文本生成技术自动为商品生成广告和营销类文本,发布到众多媒体平台,吸引用户关注,提升商品销量。

近年来,深度学习技术的进步和突破使基于预训练语言模型的文本生成方法成为主流技术方向。预训练语言模型(pre-trained language model,PLM)是在大量语料(通常为未标注语料,亦可包含标注语料)基础上训练得到的语言模型。由于语料中不含标注信息,模型通常采用一个或多个自监督任务作为训练目标,如基于文本前述词语序列预测下一个词语等。

预训练语言模型通常由多层基础神经网络模块(如Transformer网络)叠加构建,参数规模庞大(从数亿增长至数千亿),需依赖大量数据进行训练。各类预训练语言模型具有不同架构,通过模型预训练可获得性能卓越的文本编码器(如BERT、RoBERTa模型)或文本解码器(如GPT系列模型)或二者兼备(如BART、T5模型)。

OpenAI推出的GPT系列模型在文本生成领域具有代表性,迄今为止取得了显著成功。特别是在2022年推出的ChatGPT模型,具备出色的文本生成能力,能够根据用户提示和引导完成各类文本生成任务,如文本摘要、复述、故事生成、文案创作等,同时还具备回答问题、生成代码等多种功能。部分学者认为,ChatGPT模型代表了通往通用人工智能(AGI)的可行途径。

预训练语言模型的卓越性能可概括为“泛化记忆能力”,通过大规模参数以隐式方式获取、存储数据中的语言、事实、常识等各类知识,并具备一定程度的涌现能力,以解决复杂、艰难的任务。当前,关于语言大模型的内在机制研究仍处于初级阶段,这类模型对我们而言犹如黑盒子,亟待业界共同探索其奥秘。

基于深度学习和预训练语言模型的智能文本生成已展示出强大实力,但可控性不佳、可解释性不足、资源消耗较大等问题依然存在。首先,模型在生成结果方面无法精确控制,导致文本质量波动,影响关键场景的应用。其次,基于深度学习的文本生成模型缺乏可解释性,其运作机制犹如黑盒子,不利于错误诊断与分析。关于预训练语言模型的内在机制,尽管业界有多种猜测和假设,但目前尚无确凿答案。最后,现有预训练语言模型规模庞大,训练和使用过程耗资巨大,与绿色环保的发展理念背道而驰,且易导致垄断,不利于行业生态健康发展。目前,针对 GPT 系列大模型的压缩和小型化研究稀少且难度较大,轻量级文本生成模型的发展亟需业界关注和投入。

11.4.2 音频生成

在 TTS 场景下,人工智能技术在客服机器人、有声读物制作、语音播报等领域发挥了重要作用。

例如,倒映有声与音频客户端“云听”App 合作,成功打造了一位 AI 新闻主播。这位主播不仅提供了一站式音频内容服务,也将新闻信息以更生动、更便捷的方式传递给了广大听众。此外,喜马拉雅平台运用 TTS 技术,成功重现了著名评书艺术家单田芳的声音,使《毛氏三兄弟》和历史类作品得以以有声书的形式广泛传播。这些实例都证明了在 TTS 场景下,人工智能技术能够为文字内容的有声化提供强大的规模化能力。

随着互联网内容的丰富和媒体形式的变迁,短视频内容的配音已经成为一个重要的应用场景。为满足这一需求,许多软件开始研发和应用基于文档自动生成解说配音的技术。目前,市场上已经上线了 150+款包括不同方言和音色的 AI 智能配音主播。这些 AI 主播不仅能自动生成配音,还能够根据内容需求自由切换方言和音色,为短视频制作提供了极大的便利。九锤配音、加音、XAudioPro、剪映等公司均在此领域取得了显著的成果。

在词曲创作场景下,AIGC 的应用日益广泛,它的功能可以被细分为五部分:作词、作曲、编曲、人声录制和整体混音。这些功能为音乐创作提供了全方位的支持,使创作者能够基于开头旋律、图片、文字描述、音乐类型、情绪类型等元素,生成符合自己心意的特定乐曲。

谷歌旗下的 DeepMind 推出了最新的 AIGC 音乐生成模型 Lyria。这款模型具备强大的智能分析能力,能够根据用户输入的数据(如主题、艺术家、歌词、和弦等),自动生成高质量的音乐作品。为了让大家更直观地了解 Lyria 的实力,DeepMind 与 YouTube 联手,打造了两个重要的应用场景:Dream Track 和 Music AI Tools。

在全球范围内,越来越多的音乐人开始尝试运用 AIGC 工具进行创作。例如,法国知名 DJ(打碟者)David Duetta 在演出过程中,通过 AIGC 工具以 Eminem(一位美国著名的说唱歌手)的风格创作了一首关于 Future Rave 的歌曲,并模仿 Eminem 的声线进行了录制。这首歌曲在现场观众中引起了强烈的反响,大家对这种新颖的创作方式赞叹不已。

在我国,音乐平台,如 QQ 音乐也积极运用 AIGC 技术,为用户提供便捷的创作工具。通过“智能曲谱”功能,用户只需哼唱一段旋律,就能生成相应的曲谱;输入一段 MIDI 和弦,就能生成相应的 AI 演唱;在声轨中加入器乐伴奏,便可轻松创作出完整的音乐作品。

此外,视感科技研发了“AIGC 三键成曲”和“AIGC 音乐续写”功能。用户只需轻按三个键,就能生成一首完整的音乐作品;或在已有的音乐基础上进行续写,创造出风格各异的作品。这些功能的推出,降低了音乐创作的门槛,让更多人能够轻松尝试音乐创作,发现音乐的魅力。

总之,随着 AIGC 技术在音乐领域的不断突破,我们有理由相信,未来音乐创作将更加智能化、便捷化,让音乐爱好者们能够随时随地沉浸在音乐的海洋中,感受音乐带来的无尽快乐。同时,AIGC 技术也将为音乐产业带来新的机遇和挑战,推动音乐市场的持续发展。

11.4.3 图像生成

AIGC 的图像生成是根据给定的数据进行单模态或跨模态生成图像的过程。它可以生成完全虚构的图像,也可以根据现有的图像进行修改和增强,还可以根据文本描述生成符合语义的图像。

AIGC 在图像生成领域中能够模拟和学习现实世界中的图像特征,并生成逼真、具有创造性的图像内容。

(1) 图像修复和增强: AIGC 可以根据输入的图像,自动修复或增强图像的质量。它可以修复损坏的图像、去除噪声、调整亮度和对比度、改变颜色等,使图像看起来更加清晰和美观。

(2) 艺术创作和风格转换: AIGC 可以通过学习艺术作品的风格和特征,生成新的艺术创作。它可以将一幅图像转换成具有不同艺术风格的图像,如将一张照片转换成油画风格或印象派风格的图像。

(3) 图像生成和合成: AIGC 可以生成完全虚构的图像,包括人物、风景、物体等。它可以生成逼真的人脸图像、虚拟场景、角色设计等,为游戏、电影和虚拟现实等领域提供内容生成的解决方案。

(4) 图像编辑和转换: AIGC 可以通过修改图像的特定属性或进行内容转换,实现图像编辑的功能。例如,它可以将一张夏季风景的图像转换成冬季风景,或者对一张人物照片中的发型和服装进行修改。

国外主流的图像生成平台包括 Midjourney、Stable Diffusion 和 DALL-E2。这些平台各具特色,分别针对不同用户群体提供服务。

Midjourney 是一款闭源付费的图像生成平台,其在对扩散模型进行优化后部署在 Discord 上。用户可通过与程序交互获取图片。Midjourney 生成的图片具有独特的艺术风格,深受用户喜爱。得益于早期开放公测,Midjourney 累积了大量用户,并在 Discord 频道中形成了高活跃度的社群。平台采用 SaaS 付费订阅模式,提供通用或定制化服务,构建了成熟的商业模式。

与 Midjourney 不同的是,Stable Diffusion 采用完全开源模式,模型优化迭代速度快,形成了良好的开发者生态。Stable Diffusion 的盈利方式包括 API 收费和为专业领域提供定制化模型服务。值得一提的是,Stable Diffusion 可作为插件应用于 Photoshop,支持直接在 Photoshop 上生成图像并保存,提高了专业设计工作者的工作效率和体验。

DALL-E2 是一款大规模参数训练的图像生成平台,生成效果接近真实照片。目前 DALL-E2 采取闭源付费模式,依托 OpenAI 与微软的深度合作关系,搭载 ChatGPT 能力并将产品嵌入微软办公生态,以在图像生成领域形成核心竞争优势。

此外,Adobe 推出了图像生成模型集 Firefly,并融入 Adobe 工作流。Adobe 强调训练数据来源于 Adobe Stock 素材库、公开许可内容和已过期的公共领域内容,可生成高质量的商业用途图像。Adobe 计划与 Photoshop、Illustrator、Premiere 等系列产品深度整合,有望在专业设计领域建立客户优势,提高用户黏性。

在国内市场,随着我国自主研发模型的技术进步,文心一格、CogView、ZMO 等 AI 图像生成产品通过模型调优和知识增强训练，对中文提示词具备较强的理解能力。这些产品在美术创作、广告设计等领域已形成一定的用户基础。其中，文心一格提供免费和付费模式，依托文心大模型的能力，在多模态交互方面具有优势。CogView 通过 API 开放能力，支持企业 AI 底座能力对接和模型微调，提供面向 B 端用户的定制训练和私有化部署服务。ZMO 则将商业化重点聚焦在图生图任务中，进行产品图到营销海报等真实场景的图像生成，积累了一定规模且有付费意愿的 B 端用户。

预计国内图像生成领域的商业化进程将加快，迎来用户快速增长期。然而，为实现可持续发展，仍需结合技术能力和产品能力进行深度打磨，构建数据层、模型层、应用层的生态闭环。在国内外市场竞争激烈的背景下，各家图像生成平台需不断优化产品和服务，满足不同用户群体需求，抢占市场份额，争取在图像生成领域占据一席之地。

11.4.4 视频生成

AIGC 在视频生成领域可进行单模态或跨模态生成视频，能够模拟和学习现实世界中的视频特征，并生成逼真、具有创造性的、完全虚构的视频，也可以根据现有的视频进行修改和增强，还可以根据文本描述生成符合语义的视频。AIGC 可应用在以下方面。

(1) 视频修复和增强：AIGC 可以自动修复或增强输入视频的质量。它可以修复损坏的视频、去除噪声、调整亮度和对比度、改变颜色等，使视频看起来更加清晰和美观。

(2) 视频编辑和转换：AIGC 可以通过修改视频的特定属性或进行内容转换，实现视频编辑的功能。例如，它可以将一段夏季风景的视频转换成冬季风景，或者对一段人物视频中的发型和服装进行修改。

(3) 视频生成和合成：AIGC 可以生成完全虚构的视频，包括人物、风景、物体等。它可以生成逼真的人脸视频、虚拟场景、角色设计等，为游戏、电影和虚拟现实等领域提供内容生成的解决方案。

(4) 视频与其他模态的交互：AIGC 可以根据其他模态的数据，如文本、图像、音频等，生成与之相关的视频。例如，它可以根据一段文本描述生成一段视频，或者根据一张图像生成一段运动视频。

从生成方式进行划分，当前视频生成可分为文生视频、图生视频、视频生视频（可细化为逐帧生成、关键帧＋补帧、动态捕捉、视频修复、长视频生短视频）、脚本生成＋视频匹配、剧情生成等。

当前的视频生成的代表模型如下。

(1) 清华 CogVideo：首个开源的中文文本生成视频模型，基于自回归模型，能够根据一段文本描述生成一段与之一致的平滑视频剪辑。该产品有两个特点：一是采用多帧率分层训练策略。能够更好地对齐文本和剪辑视频，显著地提高视频生成的准确性，这种训练策略赋予了 CogVideo 在复杂语义运动的生成过程中控制变化强度的能力。二是能够基于预训练的文本生成图像模型。通过微调预训练的文本生成图像模型，节省了从头开始预训练的花费，提高了生成的效率。

(2) 谷歌 Phenaki：由 Google Research 开发制作，该模型是第一个能够从开放域时间变量提示中生成视频的模型，能够根据一系列开放域文本提示生成可变长度的视频。通过将视频压缩为离散令牌的小型表示形式,词例化程序使用时间上的因果注意力,允许处理可变长度的视频。

(3) 字节 MagicVideo:MagicVideo 是字节跳动提出的一种基于潜在扩散模型的高效文本到视频生成框架,可以生成与给定文本描述一致的平滑视频剪辑。MagicVideo 的核心在于关键帧生成,通过扩散模型来近似低维潜在空间中 16 个关键帧的分布,结合具有高效的视频分配适配器和定向时间注意力模块的 3D U-Net 解码器,用于视频生成。

(4) StabilityAI Stable Video Diffusion:一种用于高分辨率、先进的文本到视频和图像到视频生成的潜在视频扩散模型。Stability AI 这项研究进一步定义出训练视频 LDM 的三个阶段,分别是文本到图像的预训练、视频预训练,最后则是高品质视频的微调。研究人员强调,经过良好整理的预训练数据集,对于产生高品质视频非常重要,甚至还提出一套包括标题制作和过滤策略的系统性整理流程。

(5) 腾讯 AnimateZero:腾讯发布的视频生成模型,通过改进预训练的视频扩散模型(video diffusion models),将视频生成当作一种零样本的图像动画问题,能够更精确地控制视频的外观和运动。通过零样本修改,还能将 T2V 模型转换为 I2V 模型,使其成为零样本图像动画生成器。

(6) 阿里 DreaMoving:一种基于扩散的可控视频生成框架,该框架能够根据给定的目标身份和姿势序列生成目标身份在任何地方移动或跳舞的高质量定制人类视频。为实现这一目标,提出了一个用于运动控制的 Video ControlNet 和一个用于身份保持的 Content Guider。该模型易于使用,并可适应大多数风格化扩散模型,以生成多样化的结果。

素养提升

腾讯智影是腾讯出品的一款云端智能视频创作工具,无须下载安装,只需通过 PC 浏览器访问,就可以进行在线视频剪辑和制作。集素材搜集、视频剪辑、后期包装、渲染导出和发布于一体,提供从端到端的一站式视频创作服务。腾讯智影不仅拥有常用的基础功能,如视频剪辑、转场、滤镜、字幕、音乐等,还有基于腾讯 AI 人工智能技术打造的智影数字人播报能力,以及联合更多腾讯 AI 能力推出的素材管理、AI 文本配音、自动字幕识别、文章转视频、去水印、视频解说、横转竖等功能,帮助用户更好地进行视频化的表达。

请利用此工具,将你对人工智能的理解生成为一段短视频吧。

大模型的发展和持续优化使生成式人工智能的能力不断提升,这在语言生成和图像生成领域已经取得了显著的成果。然而,视频的高维数据空间属性使其研究更具挑战性,吸引了众多研究者投身于视频生成的探索。

目前,视频生成领域的研究主要集中在以下几个方面:高分辨率视频生成、针对超长文本的视频生成、生成无限时长的连贯视频等。研究人员基于文生图模型的研究成果,将其引入视频生成模型,以优化模型性能。例如,英伟达和康奈尔大学的研究团队提出了一种视频潜在扩散模型,该模型在驾驶视频合成的训练任务上表现出色,未来有望为自动驾驶领域提供新的研究方向。

此外,还有一些研究团队采用多模态信息融合的训练方法,以提高模型的语言理解能力。这种方法将有助于改善视频训练数据不足的问题,并在视频检索、视频分类等场景中具有很高的实用价值。

随着我国基础通信技术的发展，视频制作的云化已成为产业发展的必然趋势。在未来，随着多端同步、多人在线协同创作等需求的增加，生成式 AI 能力将进一步融入脚本创作、视频剪辑、渲染、特效等视频制作的全流程。

当前，视频生成领域仍存在大量潜力尚未挖掘，模型性能与产品化落地之间也仍有一定差距。但随着大语言模型、图像生成等相关技术的快速迭代，我们有理由相信，未来视频生成技术将带来新的解题思路。同时，视频工程化能力的发展将为视觉制作产业链带来效率和模式上的巨大变革。

11.5 习 题

1. AIGC 将会改变哪些岗位的工作方式？请举例说明。
2. 你对 AIGC 最大的期待是什么？可以采用哪些可能的技术路线去实现它？
3. 你将如何在你的学习与工作中使用 AIGC 工具？请举出具体的例子。

参考文献

[1] 李彦宏,等. 智能革命：迎接人工智能时代的社会、经济与文化变革[M]. 北京：中信出版社,2017.
[2] 李开复. AI·未来[M]. 杭州：浙江人民出版社,2018.
[3] 吴飞. 人工智能导论：模型与算法[M]. 3 版. 北京：高等教育出版社,2020.
[4] 周志明. 智慧的疆界[M]. 北京：机械工业出版社,2018.
[5] 刁生富. 重估：人工智能与人的生存[M]. 北京：电子工业出版社,2019.
[6] 吴军. 智能时代[M]. 北京：中信出版社,2016.
[7] 刘树春,等. 深度实践 OCR：基于深度学习的文字识别 [M]. 北京：机械工业出版社,2020.
[8] 王映. 人脸识别：原理、方法与技术[M]. 北京：科学出版社,2020.
[9] 伊恩·伯尔勒. 人脸识别：看得见的隐私[M]. 赵精武,唐林垚,译. 上海：上海人民出版社,2022.
[10] 刘挺,等. 自然语言处理[M]. 北京：高等教育出版社,2021.
[11] 王志立,等. 自然语言处理——原理、方法与应用[M]. 北京：清华大学出版社,2023.
[12] 王万良. 人工智能通识教程[M]. 2 版. 北京：清华大学出版社,2022.
[13] 腾讯研究院,等. 人工智能：国家人工智能战略行动抓手[M]. 北京：中国人民大学出版社,2017.
[14] 王海宾,石浪. 人工智能基础与应用[M]. 北京：电子工业出版社,2021.
[15] 耿煜,任领美. 人工智能基础[M]. 北京：电子工业出版社,2022.
[16] 李铮,黄源,蒋文豪. 人工智能导论[M]. 北京：人民邮电出版社,2021.
[17] 中国人工智能学会. 2023 中国人工智能系列白皮书[R]. 2023.
[18] 吴明晖. 深度学习应用开发：TensorFlow 实践[M]. 北京：高等教育出版社,2022.
[19] 邱锡鹏. 神经网络与深度学习[M]. 北京：机械工业出版社,2020.
[20] 李铮,黄源,蒋文豪. 人工智能导论[M]. 北京：人民邮电出版社,2021.
[21] 宗成庆. 统计自然语言处理[M]. 2 版. 北京：清华大学出版社,2013.
[22] Tensorflow. https://tensorflow. google. cn/.
[23] Pytorch. https://pytorch. org/.
[24] 百度飞桨. https://www. paddlepaddle. org. cn/.
[25] 华为 MindSpore. https://www. mindspore. cn/.
[26] OneFlow 一流科技. https://www. oneflow. org/index. html.
[27] 百度 EasyDL. https://ai. baidu. com/easydl/.
[28] 华为 ModelArts. https://www. huaweicloud. com/product/modelarts. html.
[29] 阿里云人工智能平台 PAI. https://www. aliyun. com/product/bigdata/learn/.
[30] 腾讯 TI-ONE 训练平台. https://cloud. tencent. com/product/tione.
[31] CNN Explainer. https://poloclub. github. io/cnn-explainer/.
[32] 陆峰,刘华海,黄长缨,等. 基于深度学习的目标检测技术综述[J]. 计算机系统应用,2021,30(3)：1-13.
[33] HWCloudAI. 基于计算机视觉的钢筋条数检测[EB/OL]. (2012-11-22)[2024-01-02]. https://bbs. huaweicloud. com/blogs/383884.
[34] 百度 AI 开放平台. 动物识别[EB/OL]. (2023-01-17)[2024-01-26]. https://ai. baidu. com/tech/imagerecognition/animal/.
[35] 工业数智化小白. 计算机视觉六大技术介绍[EB/OL]. (2023-05-11)[2024-01-26]. https://baijiahao. baidu. com/s? id=1765568754047096477&wfr=spider&for=pc.
[36] 柯澳,王宇聪,胡博宇,等. 基于图像的野生动物检测与识别综述[J]. 计算机系统应用,2024,33(1)：22-36.